全媒体人才培养丛书·数据科学系列

图数据库的影视数据应用基础与示例

BASIS AND EXAMPLES OF
GRAPH DATABASE'S FILM AND
TELEVISION DATA APPLICATION

洪志国　石民勇　著

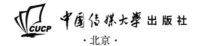
·北京·

前　言

数据科学与大数据技术专业是教育部为落实《促进大数据发展行动纲要》而批准设立的新工科专业。中国传媒大学计算机学院在 2014 年率先开始招收"计算机科学与技术（大数据技术与应用方向）（080901）"专业本科生，调整原来的计算机科学与技术本科专业方向，2017 年开始实施"新工科"建设行动计划，完成了数据科学与大数据技术（080910T）本科专业的新增申请和教育部报备，2018 年 9 月开始招收该专业首批本科生。

随着互联网的快速发展和大数据技术的广泛应用，线上产生的大量半结构化和非结构化数据亟待采用有效的工具进行分析和挖掘。Neo4j 图数据库以图论为基础，是大数据时代有效处理实体节点及关系的利器。

本书是数据科学与大数据技术专业必修课——《图论及应用》的教学参考书。作者注重理论和实践相结合，在阐明 Neo4j 图数据库在影视领域的数据应用基础上，分享了基于 Neo4j 开发应用的 DIY 过程，并搭建实际的网页应用对影视数据进行分析。

本书适合于本科生或研究生课程中"图论""图数据库技术""基于 Neo4j 的全栈开发"等内容的理论教学和上机实训，也方便广大读者从 SQL 工程应用开发到 Neo4j 工程应用开发的快速学习迁移。第一章介绍了图数据库及应用，第二章展示了 Neo4j 图数据库在 Windows、Linux 和 Mac 等不同操作系统上的安装与配置方法，第三章详细讲解了 Neo4j 命令集，第四章梳理出开发 Neo4j 应用的常用技术栈，以影视剧人物及关系为例，给出了 D3.js、Echarts、Vis.js、Springy.js、Cytoscape、THREE.JS 和 CANNON.JS 的可视化方案，展示了基于

JavaScript 和 D3.js 的 Neo4j 数据可视化网页应用；第五章使用研发的一款网页应用"影视人物关系编辑系统"对影视数据进行了示例分析。

感谢中国传媒大学"优秀中青年教师培养工程（第二层次）"（编号：YXJS201508）项目资助本书出版。

鉴于作者水平有限，书中难免有谬误之处。若蒙读者和老师不吝指正，不胜感激。

目 录

第一章 图数据库及应用简介　001
- 第一节　主要数据库模型的演进 …………………………………001
- 第二节　主要的数据库产品系列 …………………………………002
- 第三节　从关系型数据库到图数据库的学习迁移 ………………003
- 第四节　人脉关系的矩阵计算、MySQL 查询和 Neo4j 查询求解方法……009
- 第五节　基于 Neo4j 图数据库的主要应用原理 …………………035

第二章 Neo4j 的安装与配置　038
- 第一节　Windows 平台下的安装与配置方法 ……………………038
- 第二节　Linux 平台下的安装与配置方法 ………………………044
- 第三节　Mac 平台下的安装与配置方法 …………………………048
- 第四节　1 台 Neo4j 服务器、多台设备在网络环境下的测试方案 ………050

第三章 Neo4j 命令集　054
- 第一节　Neo4j 图数据库中的基本元素 …………………………054
- 第二节　使用 Cypher 语言操作节点及关系 ……………………060
- 第三节　Cypher 手册详解 …………………………………………074
- 第四节　ALGO、APOC 等算法工具包的调用 …………………096
- 第五节　自定义函数的编写与调用 ………………………………103

第四章 开发 Neo4j 应用系统的常用技术栈及示例　106
- 第一节　开发 Neo4j 应用系统的常用技术栈 ……………………106
- 第二节　Neo4j 的 REST API 简介 …………………………………108

第三节　JAVA 原生态开发模式 …………………………………………… 116

第四节　各种语言驱动包开发模式 ………………………………………… 127

第五节　常用的可视化方案 ………………………………………………… 132

第六节　基于 JavaScript 和 D3.js 的 Neo4j 数据可视化网页应用开发及运行

示例 ……………………………………………………………………… 174

第五章　影视人物关系编辑系统开发及应用示例

第一节　可视化技术选型 …………………………………………………… 190

第二节　复杂网络的概念、特性和相关分析算法 ………………………… 191

第三节　基于 PageRank 值计算的影视人物角色排名示例 ……………… 191

第四节　影视人物关系编辑系统需求分析 ………………………………… 201

第五节　开发环境的配置 …………………………………………………… 204

第六节　影视人物关系编辑系统的设计与实现 …………………………… 205

第七节　影视人物关系编辑系统应用示例 ………………………………… 211

后　记 …………………………………………………………………………… 229

第一章 图数据库及应用简介

第一节 主要数据库模型的演进

我们生活在万物互联的世界中,不论是物联网还是社交网络,人和物之间存在着千丝万缕的联系。随着信息时代的不断演进,相应的信息存储模型和产品也在持续更新迭代。

主要数据库模型的演进如图 1.1 所示,其中椭圆框表示的是理论基础,矩形框表示的是数据库模型,箭头表示衍生关系。可以看出,关系型是关系型数据库模型的理论基础,而图论是图数据库模型的理论基础。

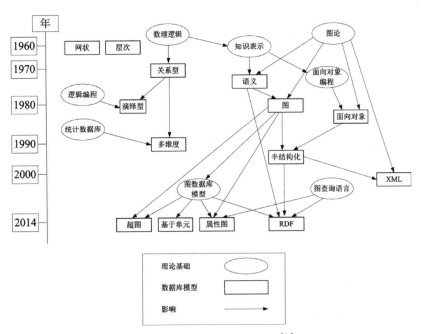

图 1.1 数据库模型的演进图[1]

计算机数据库始于20世纪60年代，在这十年期间流行的数据库模型为CODASYL网状模型和IBM的IMS（Information Management System，信息管理系统）层次模型。

在数据库模型演进的50多年时间内，涌现了许多模型，包括"网状""层次""关系型""演绎型""多维度""语义""图""面向对象""半结构化""XML""超图""属性图""RDF"等。

第二节　主要的数据库产品系列

1970年，E.F.Codd博士发表的跨时代论文《大规模共享数据银行的关系型模型》[2]（*Communications of the ACM*杂志1970年6月刊）奠定了关系型数据库的理论基础。随后出现了多款关系型数据库产品（也称为SQL产品）。

随着互联网的快速发展和大数据技术的普适应用，关系型数据库在处理网络产生的海量半结构化和非结构化的数据时显得效率低下，难以处理。为此，与大数据时代相适应的No SQL产品应运而生。

目前主要的数据库产品系列如图1.2所示。

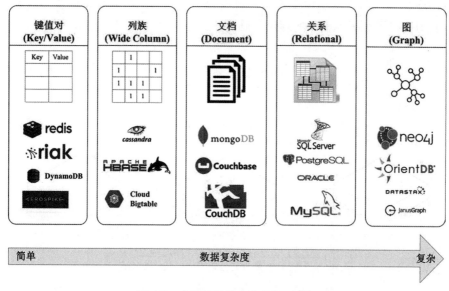

图1.2　主要的数据库产品系列[3]

主要的数据库产品按存储结构分类如下：

1. 键值对（Key/Value）

采取键值对方式存储数据的代表产品有redis、riak、DynamoDB、Aerospike。

2. 列族（Wide Column）

采取列方式存储数据的代表产品有 cassandra、HBASE、Cloud Bigtable。

3. 文档（Document）

文档数据库的代表产品有 mongoDB、Couchbase、CouchDB。

4. 关系（Relational）

关系型数据库的代表产品有 SQL Server、PostgreSQL、ORACLE、MySQL。

5. 图（Graph）

图数据库的代表产品有 Neo4j、OrientDB、DATASTAX、JanusGraph。

第三节　从关系型数据库到图数据库的学习迁移

通过对比关系型数据库和图数据库之间的相同点和异同点有助于快速学习图数据库，如关系型数据库中的 SQL 对应于 Neo4j 图数据库中的 CQL（Cypher Query Language）等。

在此，以解决实际问题为导向，分别介绍关系型数据库和图数据库的两种表示方法[4]，并给出从 CSV 文件数据导入到 Neo4j 数据库的示例。

一、基于关系型数据库和图数据库的建模和查询

问题 1.1　工号为 2020 的员工 Bob 同时在计算机学院、联合实验室和研发中心等 3 个部门任职，请用模型描述 Bob 作为员工和部门之间的关联。

使用关系型数据库模型进行关联描述如图 1.3 所示。

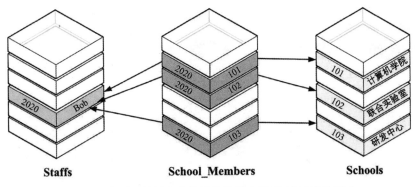

图 1.3　关系型数据库中使用外键约束用于 JOIN（连接）
Staffs 表、Schools 表和 School_Members 表

表 1.1　Staffs 表

描述信息	字段名	数据类型	是否为主键
员工编号	ID	Int	是
员工姓名	Name	Varchar(32)	否

表 1.2　Schools 表

描述信息	字段名	数据类型	是否为主键
部门编号	ID	Int	是
部门名称	School_Name	Varchar(32)	否

创建 Staffs 表、Schools 表和 School_Members 表，相应的表结构信息分别如表 1.1、表 1.2 和表 1.3 所示；其中 School_Members 表中的 Staff_ID 字段和 School–ID 字段分别作为 Staffs 表和 Schools 表的外键进行关联。

表 1.3　School_Members 表

描述信息	字段名	数据类型	是否为主键
员工编号	Staff_ID	Int	否
部门编号	School_ID	Int	否

输入如下 SQL 语句，可查询员工 Bob 所任职的部门信息。

```
select School_Name from Schools
LEFT Join School_Members
ON Schools.ID=School_Members.School_ID
LEFT Join Staffs
ON School_Members.Staff_ID=staffs.ID
WHERE Staffs.name= "Bob"
```

将图 1.3 进行简化，将员工、部门看作实体，以 E-R（Entity-Relationship，实体 - 关系）模型的视角进行分析，得到的"图 /JOIN（连接）表"混合显示方式如图 1.4 所示。

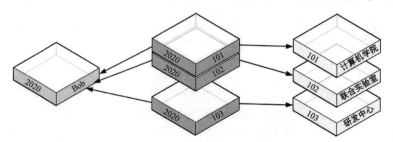

图 1.4　关系型数据库中 Staffs 表和 Schools 表外键数据关系的图 /JOIN（连接）表混合显示方式

关系型数据库模型中的 JOIN 连接和数据表的字段分别对应于图数据库模型中的关系（边）和节点的属性。由此，分别用节点和关系替换 Staffs 表、Schools 表和连接表 School_Members 以及外键关联，得到了如图 1.5 所示的图模型。

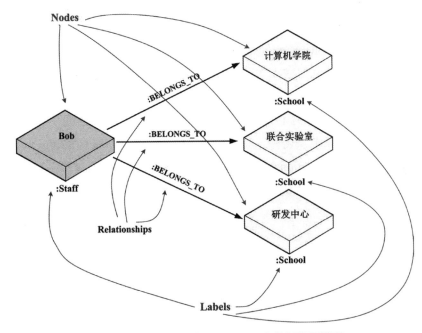

图 1.5　原始 Staffs 表和 Schools 表数据的图模型

在 Neo4j 的 Web 浏览器编辑框依次执行如下 Cypher 语句即可实现 4 个节点和 3 条关系的创建及查询。

```
CREATE (Staffs:staff{name:"Bob"}) -[r:BELONGS_TO]-> (Schools:school{name:"计算机学院"})

MATCH (Staffs:staff)
MERGE
(Schools:school{name:"联合实验室"}) <-[r:BELONGS_TO]- (Staffs)-[r1:BELONGS_TO]->
(n:school{name:"研发中心"})

MATCH (n:staff)-[r]->(m)
WHERE n.name="Bob"
RETURN n,m,r
```

二、将 CSV 文件数据导入 Neo4j 数据库

由此可见，在关系型数据库中通过观测分析梳理出各表之间的外键关联或进一步绘制 E-R 图，能直观地得到相应的图模型，用于指导关系型数据库和图数据库之间的

数据转换。

为此，可采用手动或编程的方法，在 Excel、MySQL 等工具创建的数据库与 Neo4j 图数据库之间进行数据交换。

在此，本节使用"LOAD CSV"的 Cypher 语句导入《都挺好》电视剧中主要人物节点及关系，示例如下。

参照"https://www.tvmao.com/drama/LWIsMR8=/renwuguanxitu"链接提供的"都挺好人物关系图"，分别建立包含人物节点和关系的 2 个 CSV 文件——"TV_Characters.csv"和"TV_Relationships.csv"。为了便于采用"file:/// 文件名 . 扩展名"引用方式导入 Neo4j 图数据库，将这两个 CSV 文件存放到 Neo4j 应用程序的"import"子目录下。同时保证在 Neo4j 中节点名称、关系属性等内容的中文字符可正确显示，将"TV_Characters.csv"和"TV_Relationships.csv"文件的编码设置为 uft-8。

"TV_Characters.csv"文件内容如下：

```
Name
苏大强
苏母
苏明哲
吴非
苏明成
朱丽
苏明玉
石天冬
老蒙
柳青
```

"TV_Relationships.csv"文件内容如下：

```
Name1, Relationship, Name2
苏大强，夫妻，苏母
苏大强，大儿子，苏明哲
苏大强，二儿子，苏明成
苏大强，三女儿，苏明玉
苏明哲，夫妻，吴非
苏明成，夫妻，朱丽
苏明玉，相恋，石天冬
苏明玉，师徒，老蒙
苏明玉，好友，柳青
```

1. 删除节点及关系

执行如下 Cypher 语句，删除名称为`都挺好`的节点及关系。

MATCH (n:`都挺好`) detach delete n

2. 创建"TV_Characters.csv"文件所示的 10 个人物节点

执行 Cypher 语句：

创建节点
LOAD CSV WITH HEADERS FROM "file:///TV_Characters.csv" AS line
MERGE (n:`都挺好`{Name:line.Name})

运行结果如图 1.6 所示。结果显示在 Neo4j 中成功添加了 10 个标签、10 个节点，设置了 10 个属性。

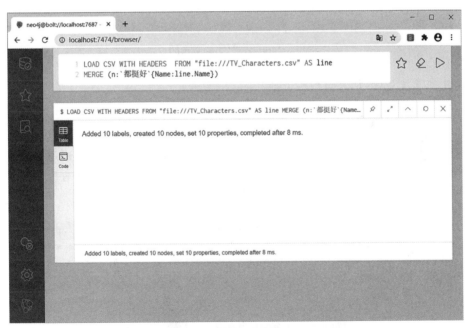

图 1.6　执行 Cypher 语句创建"TV_Characters.csv"文件所示的 10 个人物节点

3. 创建"TV_Relationships.csv"文件所示的 9 条人物节点之间的关系

执行 Cypher 语句：

创建关系
LOAD CSV WITH HEADERS FROM "file:///TV_Relationships.csv" AS row
match (n:`都挺好`{Name:row.Name1}),(m:`都挺好`{Name:row.Name2})
merge (n)–[r:`关系`{property:row.Relationship}]->(m)

运行结果如图 1.7 所示，该图显示在 Neo4j 中成功添加了 9 个属性、9 条关系。

图 1.7 创建"TV_Relationships.csv"文件所示的 9 条人物节点之间的关系

执行如下 Cypher 语句进行验证。

match (n:`都挺好`) return n;

查询结果如图 1.8 所示。可以看到两个 CSV 文件中包含的 10 个节点及 9 条关系已全部导入 Neo4j 数据库中。当点击"苏大强"和"苏明玉"两个人物节点之间的箭头时,在浏览器状态栏左侧显示的"property:"为"三女儿"。

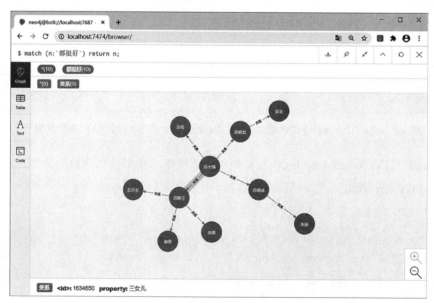

图 1.8 导入 10 个人物节点和 9 条人物关系节点后 Neo4j 数据库的查询情况

第四节　人脉关系的矩阵计算、MySQL 查询和 Neo4j 查询求解方法

以多个人物之间的关系为研究对象，为了便于图示多个人物之间的关系，将一个人物看作一个节点，采用自动布局 JavaScript 库支持的 HTML 页面展示方式。

Spring.js 是有向图布局算法的 JavaScript 类库，具有易于展现关系、简洁明晰等特点。从 https://github.com/dhotson/springy 网站下载 springy-master.zip，对该压缩包中的 demo.html 进行修改，以无向图方式展现人物之间的相互关系。注释"springyui.js"文件中绘制箭头部分，即可展示无向图的效果。需要注释的内容如代码 1.1 所示。

代码 1.1 取消箭头效果的注释代码行

```
// arrow
/*
if (directional) {
    ctx.save();
    ctx.fillStyle = stroke;
    ctx.translate(intersection.x, intersection.y);
    ctx.rotate(Math.atan2(y2 - y1, x2 - x1));
    ctx.beginPath();
    ctx.moveTo(-arrowLength, arrowWidth);
    ctx.lineTo(0, 0);
    ctx.lineTo(-arrowLength, -arrowWidth);
    ctx.lineTo(-arrowLength * 0.8, -0);
    ctx.closePath();
    ctx.fill();
    ctx.restore();
}*/
```

从 http://ename.dict.cn/ 网站上获取了 18 个人名，名字的首字母分别为 A、B、C...、R，人物 "Alastair" "Bob" "Charley" "Diana" "Elmer" "Francie" "Gorge" "Helen" "Iric" "John" "Kate" "Lyman" "Mike" "Nick" "Odom" "Peter" "Quincy" "Rose" 的编号分别对应于 1、2、3、... 18。

编写了用户展示人物关系的页面文件 "ShowCharacterRelationships.html" 后，该文件的代码如代码 1.2 所示；在浏览器中打开该页面，显示效果如图 1.9 所示。

代码1.2 用于展示人物关系的网页——ShowCharacterRelationships.html

```html
<html>
<body>
<script src="jquery-1.8.3.min.js"></script>
<script src="springy.js"></script>
<script src="springyui.js"></script>
<script>
var graph = new Springy.Graph();

graph.addNodes('(1)Alastair', '(2)Bob', '(3)Charley', '(4)Diana', '(5)Elmer', '(6)Francie');
graph.addNodes('(7)Gorge', '(8)Helen', '(9)Iric', '(10)John', '(11)Kate', '(12)Lyman');
graph.addNodes('(13)Mike', '(14)Nick', '(15)Odom', '(16)Peter', '(17)Quincy', '(18)Rose');

graph.addEdges(
  ['(1)Alastair', '(2)Bob', {color: '#00A0B0'}],
  ['(1)Alastair', '(3)Charley', {color: '#00A0B0'}],
  ['(1)Alastair', '(6)Francie', {color: '#00A0B0'}],
  ['(1)Alastair', '(7)Gorge', {color: '#00A0B0'}],
  ['(4)Diana', '(5)Elmer', {color: '#6A4A3C'}],
  ['(4)Diana', '(6)Francie', {color: '#6A4A3C'}],
  ['(4)Diana', '(9)Iric', {color: '#6A4A3C'}],
  ['(4)Diana', '(10)John', {color: '#6A4A3C'}],
  ['(7)Gorge', '(8)Helen', {color: '#CC333F'}],
  ['(7)Gorge', '(9)Iric', {color: '#CC333F'}],
  ['(7)Gorge', '(12)Lyman', {color: '#CC333F'}],
  ['(7)Gorge', '(13)Mike', {color: '#CC333F'}],
  ['(10)John', '(11)Kate', {color: '#EB6841'}],
  ['(10)John', '(12)Lyman', {color: '#EB6841'}],
  ['(10)John', '(15)Odom', {color: '#EB6841'}],
  ['(10)John', '(16)Peter', {color: '#EB6841'}],
  ['(13)Mike', '(14)Nick', {color: '#EDC951'}],
  ['(13)Mike', '(15)Odom', {color: '#EDC951'}],
  ['(13)Mike', '(18)Rose', {color: '#EDC951'}],
  ['(16)Peter', '(17)Quincy', {color: '#BE7D3C'}],
  ['(16)Peter', '(18)Rose', {color: '#BE7D3C'}]
);

jQuery(function(){
  var springy = jQuery('#CharacterRelationShips').springy({
    graph: graph
```

```
});
</script>

<canvas id="CharacterRelationShips" width="800" height="600" />
<!-- 设置画布大小为 800×600 -->
</body>
</html>
```

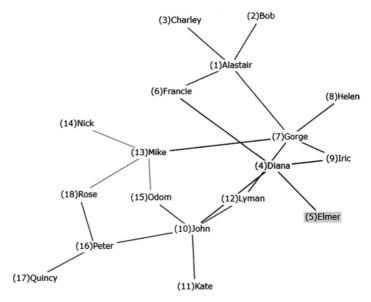

图 1.9　18 位人物关系示例图

问题 1.2 求 "Bob" 的六度人脉。

为此，我们将分别采用 "矩阵计算方法" "MySQL 查询方法" 和 "Neo4j 查询方法" 进行问题的求解。

一、人脉关系的矩阵计算方法

将图 1.9 所示的人物关系看成社交网络的一个示例，可以通过网络连接的拓扑结构得出节点之间的矩阵邻接关系；将一个人物看作一个网络节点，采用矩阵计算方法，根据节点的可达性来计算出人脉关系。

用人物编号 1~18 来表示从 "Alastair" 到 "Rose" 等 18 位人物，从图 1.9 中的人物连接关系可以得到如表 1.4 所示的人物关系邻接矩阵。在不考虑自连接（即自己认识自己）的情况下，324（=18×18）个矩阵中的元素表示了从源节点到目标节点之间的连接状态，当两个节点之间存在着直接连接（表示相互认识），则矩阵中对应的行列元素值为 1，否则为 0。"相互认识" 表现为连接的 "双向性" 特点，对应到邻接矩阵上表现为元素数值沿对角线对称分布。同时，可以看出邻接矩阵中数值为1的元素个数为42，占全部元素总数的12.96%，具有数值稀疏的特点。

表1.4　18位人物关系邻接矩阵

目标\源	1	2	3	4	5	6	7	8	9	10	11	12	13	14	15	16	17	18
1	0	1	1	0	0	1	1	0	0	0	0	0	0	0	0	0	0	0
2	1	0	0	0	0	0	0	0	0	0	0	0	0	0	0	0	0	0
3	1	0	0	0	0	0	0	0	0	0	0	0	0	0	0	1	0	0
4	0	0	0	0	1	1	0	0	1	1	0	0	0	0	0	0	0	0
5	0	0	0	1	0	0	0	0	0	0	0	0	0	0	0	0	0	0
6	1	0	0	1	0	0	0	0	0	0	0	0	0	0	0	0	0	0
7	1	0	0	0	0	0	1	1	0	0	1	1	0	0	0	0	0	0
8	0	0	0	0	0	0	1	0	0	0	0	0	0	0	0	0	0	0
9	0	0	0	1	0	1	0	0	0	0	0	0	0	0	0	0	0	0
10	0	0	0	1	0	0	0	0	0	1	1	0	0	1	1	0	0	0
11	0	0	0	0	0	0	0	0	1	0	0	0	0	0	0	0	0	0
12	0	0	0	0	0	1	0	0	1	0	0	0	0	0	0	0	0	0
13	0	0	0	0	0	1	0	0	0	0	0	0	0	1	1	0	0	1
14	0	0	0	0	0	0	0	0	0	0	0	1	0	0	0	0	0	0
15	0	0	0	0	0	0	0	0	1	0	0	1	0	0	0	0	0	0
16	0	0	0	0	0	0	0	1	0	0	0	0	0	0	0	0	1	1
17	0	0	0	0	0	0	0	0	0	0	0	0	0	0	1	0	0	0
18	0	0	0	0	0	0	0	0	0	0	1	0	0	1	0	0	0	0

接下来通过邻接矩阵计算可达性矩阵来进行分析。

定理1.1[5]设 G 是具有结点顺序为 v_1、v_2、... v_n 的图（可以是无向图、有向图、多重图、带圈图），其邻接矩阵为 $A(G)$，则矩阵 $Y=(A(G))^k$ 中的元素 y_{ij} 表示结点 v_i 到 v_j 长度为 k 的通道数目。

定义1.2[5]若有向图 $D=<V, E>$，$V=\{v_1,v_2...v_n\}$，n 阶方阵 $P(D)=(c_{ij})_n$ 满足

$$c_{ij} = \begin{cases} 1 & v_i \text{可达} v_j \\ 0 & v_i \text{不可达} v_j \end{cases}$$

则称 P(D) 为 D 的可达性矩阵。

同时文献 [5] 给出了 n 步跳转的可达性矩阵求解方法：

P(D)=A(+)A$^{(2)}$(+)A$^{(3)}$(+)...(+)A$^{(n)}$，其中 A 为有向图 D 的邻接矩阵，"(+)"为布尔和运算。

定义 1.3 广义 m 度人脉：设 A 为有向图 D 的邻接矩阵，则经过 m 步跳转计算得到的可达性矩阵 R(D,m)=A(+)A$^{(2)}$(+)A$^{(3)}$(+)...(+)A$^{(m)}$ 即为广义 m 度人脉矩阵。

定义 1.4 狭义 n 度人脉：设 A 为有向图 D 的邻接矩阵，则经过 n 步跳转计算得到的可达性矩阵 R(D,n)=A(+)A$^{(2)}$(+)A$^{(3)}$(+)...(+)A$^{(n)}$，则 R(D,n) 称为狭义 $q(q \leq n, q \in N)$ 度人脉 iff（if and only if，当且仅当）

$r_{ij}(0) = 0 \wedge r_{ij}(1) = 0 \wedge \cdots \wedge r_{ij}(q-1) = 0 \wedge r_{ij}(q) = 1$。

接下来，应用定理 1.1、定义 1.2、定义 1.3 和定义 1.4 来分析人物关系的可达矩阵。

为了便于计算，将表 1.1 的元素值采用公式编辑器书写成如下的矩阵 A。

采用开源的 Octave 软件来计算矩阵的幂。

从 https://mirrors.tuna.tsinghua.edu.cn/gnu/octave/windows/octave-5.1.0-w64-installer.exe 链接处下载并安装 Octave5.1.0 的 Windows 平台 64 位安装包，安装完成后即可打开应用程序的桌面链接，调用该软件进行计算。

Octave 与 MATLAB 在操作上非常相似，支持命令行的输入方式。为了避免采用命令行一次性输入 324 个数据可能产生的输入错误而影响效率，可以将邻接矩阵中的数值采用 CSV（Comma-Separated Values，逗号分隔值）格式文件方式，计算时通过"load"命令载入内存方便计算。将矩阵 A 中的元素按 CSV 格式保存为"data.txt"，并存放到"pwd"（present working directory，查看当前路径）命令所示的目录下，执行"load data.txt"将数据文件载入内容保存为 data 变量，再分别执行"data*data""data*data*data""data*data*data*data""data*data*data*data*data""data*data*data*data*data*data"可得到可达矩阵 $R(i)=A^i(i=2,3,4,5,6)$ 的结果，记录结果如下。

$$A = \begin{bmatrix}
0 & 1 & 1 & 0 & 0 & 1 & 1 & 0 & 0 & 0 & 0 & 0 & 0 & 0 & 0 & 0 & 0 \\
1 & 0 & 0 & 0 & 0 & 0 & 0 & 0 & 0 & 0 & 0 & 0 & 0 & 0 & 0 & 0 & 0 \\
1 & 0 & 0 & 0 & 0 & 0 & 0 & 0 & 0 & 0 & 0 & 0 & 0 & 0 & 0 & 0 & 0 \\
0 & 0 & 0 & 0 & 1 & 1 & 0 & 0 & 1 & 1 & 0 & 0 & 0 & 0 & 0 & 0 & 0 \\
0 & 0 & 0 & 1 & 0 & 0 & 0 & 0 & 0 & 0 & 0 & 0 & 0 & 0 & 0 & 0 & 0 \\
1 & 0 & 0 & 1 & 0 & 0 & 0 & 0 & 0 & 0 & 0 & 0 & 0 & 0 & 0 & 0 & 0 \\
1 & 0 & 0 & 0 & 0 & 0 & 0 & 1 & 1 & 0 & 1 & 1 & 0 & 0 & 0 & 0 & 0 \\
0 & 0 & 0 & 0 & 0 & 1 & 0 & 0 & 0 & 0 & 0 & 0 & 0 & 0 & 0 & 0 & 0 \\
0 & 0 & 0 & 1 & 0 & 0 & 1 & 0 & 0 & 0 & 0 & 0 & 0 & 0 & 0 & 0 & 0 \\
0 & 0 & 0 & 1 & 0 & 0 & 0 & 0 & 0 & 1 & 1 & 0 & 0 & 1 & 1 & 0 & 0 \\
0 & 0 & 0 & 0 & 0 & 0 & 0 & 0 & 1 & 0 & 0 & 0 & 0 & 0 & 0 & 0 & 0 \\
0 & 0 & 0 & 0 & 0 & 1 & 0 & 0 & 1 & 0 & 0 & 0 & 0 & 0 & 0 & 0 & 0 \\
0 & 0 & 0 & 0 & 0 & 1 & 0 & 0 & 0 & 0 & 0 & 0 & 1 & 1 & 0 & 0 & 1 \\
0 & 0 & 0 & 0 & 0 & 0 & 0 & 0 & 0 & 0 & 1 & 0 & 0 & 0 & 0 & 0 & 0 \\
0 & 0 & 0 & 0 & 0 & 0 & 0 & 0 & 1 & 0 & 0 & 1 & 0 & 0 & 0 & 0 & 0 \\
0 & 0 & 0 & 0 & 0 & 0 & 0 & 0 & 1 & 0 & 0 & 0 & 0 & 0 & 0 & 1 & 1 \\
0 & 0 & 0 & 0 & 0 & 0 & 0 & 0 & 0 & 0 & 0 & 0 & 0 & 0 & 1 & 0 & 0 \\
0 & 0 & 0 & 0 & 0 & 0 & 0 & 0 & 0 & 0 & 0 & 1 & 0 & 0 & 1 & 0 & 0
\end{bmatrix}$$

$$R(2) = A^2 = \begin{bmatrix}
4 & 0 & 0 & 1 & 0 & 0 & 0 & 1 & 1 & 0 & 0 & 1 & 1 & 0 & 0 & 0 & 0 \\
0 & 1 & 1 & 0 & 0 & 1 & 1 & 0 & 0 & 0 & 0 & 0 & 0 & 0 & 0 & 0 & 0 \\
0 & 1 & 1 & 0 & 0 & 1 & 1 & 0 & 0 & 0 & 0 & 0 & 0 & 0 & 0 & 0 & 0 \\
1 & 0 & 0 & 4 & 0 & 0 & 1 & 0 & 0 & 1 & 1 & 0 & 0 & 1 & 1 & 0 & 0 \\
0 & 0 & 0 & 0 & 1 & 1 & 0 & 0 & 1 & 1 & 0 & 0 & 0 & 0 & 0 & 0 & 0 \\
0 & 1 & 1 & 0 & 1 & 2 & 1 & 0 & 1 & 1 & 0 & 0 & 0 & 0 & 0 & 0 & 0 \\
0 & 1 & 1 & 1 & 0 & 1 & 5 & 0 & 0 & 1 & 0 & 0 & 1 & 1 & 0 & 0 & 1 \\
1 & 0 & 0 & 0 & 0 & 0 & 0 & 1 & 1 & 0 & 0 & 1 & 1 & 0 & 0 & 0 & 0 \\
1 & 0 & 0 & 0 & 1 & 1 & 0 & 1 & 2 & 1 & 0 & 1 & 1 & 0 & 0 & 0 & 0 \\
0 & 0 & 0 & 0 & 1 & 1 & 1 & 0 & 1 & 5 & 0 & 0 & 1 & 0 & 0 & 1 & 1 \\
0 & 0 & 0 & 1 & 0 & 0 & 0 & 0 & 0 & 1 & 1 & 0 & 0 & 1 & 1 & 0 & 0 \\
1 & 0 & 0 & 1 & 0 & 0 & 0 & 1 & 1 & 0 & 1 & 2 & 1 & 0 & 1 & 1 & 0 & 0 \\
1 & 0 & 0 & 0 & 0 & 0 & 0 & 1 & 1 & 1 & 0 & 1 & 4 & 0 & 0 & 1 & 0 & 0 \\
0 & 0 & 0 & 0 & 0 & 0 & 1 & 0 & 0 & 0 & 0 & 0 & 0 & 1 & 1 & 0 & 0 & 1 \\
0 & 0 & 0 & 1 & 0 & 0 & 1 & 0 & 0 & 1 & 1 & 0 & 1 & 2 & 1 & 0 & 1 \\
0 & 0 & 0 & 1 & 0 & 0 & 0 & 0 & 0 & 1 & 1 & 1 & 0 & 1 & 3 & 0 & 0 \\
0 & 0 & 0 & 0 & 0 & 0 & 0 & 0 & 0 & 1 & 0 & 0 & 0 & 0 & 0 & 1 & 1 \\
0 & 0 & 0 & 0 & 0 & 0 & 1 & 0 & 0 & 1 & 0 & 0 & 0 & 1 & 1 & 0 & 1 & 2
\end{bmatrix}$$

$$R(3) = A^3 = \begin{bmatrix}
0 & 4 & 4 & 1 & 1 & 5 & 8 & 0 & 1 & 2 & 0 & 0 & 0 & 1 & 1 & 0 & 0 & 1 \\
4 & 0 & 0 & 1 & 0 & 0 & 0 & 1 & 1 & 0 & 0 & 1 & 1 & 0 & 0 & 0 & 0 & 0 \\
4 & 0 & 0 & 1 & 0 & 0 & 0 & 1 & 1 & 0 & 0 & 1 & 1 & 0 & 0 & 0 & 0 & 0 \\
1 & 1 & 1 & 0 & 4 & 5 & 2 & 1 & 5 & 8 & 0 & 1 & 2 & 0 & 0 & 0 & 1 & 1 \\
1 & 0 & 0 & 4 & 0 & 0 & 1 & 0 & 0 & 0 & 1 & 1 & 0 & 0 & 1 & 1 & 0 & 0 \\
5 & 0 & 0 & 5 & 0 & 0 & 1 & 1 & 1 & 0 & 1 & 2 & 1 & 0 & 1 & 1 & 0 & 0 \\
8 & 0 & 0 & 2 & 1 & 1 & 0 & 5 & 6 & 2 & 1 & 6 & 8 & 0 & 1 & 2 & 0 & 0 \\
0 & 1 & 1 & 1 & 0 & 1 & 5 & 0 & 0 & 1 & 0 & 0 & 0 & 1 & 1 & 0 & 0 & 1 \\
1 & 1 & 1 & 5 & 0 & 1 & 6 & 0 & 0 & 1 & 1 & 1 & 0 & 1 & 2 & 1 & 0 & 1 \\
2 & 0 & 0 & 8 & 0 & 0 & 2 & 1 & 1 & 0 & 5 & 6 & 2 & 1 & 6 & 7 & 0 & 1 \\
0 & 0 & 0 & 0 & 1 & 1 & 1 & 0 & 1 & 5 & 0 & 0 & 1 & 0 & 0 & 0 & 1 & 1 \\
0 & 1 & 1 & 1 & 1 & 2 & 6 & 0 & 1 & 6 & 0 & 0 & 1 & 1 & 1 & 0 & 1 & 2 \\
0 & 1 & 1 & 2 & 0 & 1 & 8 & 0 & 0 & 2 & 1 & 1 & 0 & 4 & 5 & 1 & 1 & 5 \\
1 & 0 & 0 & 0 & 0 & 0 & 1 & 1 & 1 & 0 & 1 & 4 & 0 & 0 & 1 & 0 & 0 \\
1 & 0 & 0 & 0 & 1 & 1 & 1 & 1 & 2 & 6 & 0 & 1 & 5 & 0 & 0 & 1 & 1 & 1 \\
0 & 0 & 0 & 0 & 1 & 1 & 2 & 0 & 1 & 7 & 0 & 0 & 1 & 1 & 1 & 0 & 3 & 4 \\
0 & 0 & 0 & 1 & 0 & 0 & 0 & 0 & 0 & 1 & 1 & 1 & 0 & 1 & 3 & 0 & 0 \\
1 & 0 & 0 & 1 & 0 & 0 & 0 & 1 & 1 & 1 & 2 & 5 & 0 & 1 & 4 & 0 & 0
\end{bmatrix}$$

$$R(4) = A^4 = \begin{bmatrix}
21 & 0 & 0 & 9 & 1 & 1 & 1 & 8 & 9 & 2 & 2 & 10 & 11 & 0 & 2 & 3 & 0 & 0 \\
0 & 4 & 4 & 1 & 1 & 5 & 8 & 0 & 1 & 2 & 0 & 0 & 0 & 1 & 1 & 0 & 0 & 1 \\
0 & 4 & 4 & 1 & 1 & 5 & 8 & 0 & 1 & 2 & 0 & 0 & 0 & 1 & 1 & 0 & 0 & 1 \\
9 & 1 & 1 & 22 & 0 & 1 & 10 & 2 & 2 & 1 & 8 & 10 & 3 & 2 & 10 & 10 & 0 & 2 \\
1 & 1 & 1 & 0 & 4 & 5 & 2 & 1 & 5 & 8 & 0 & 1 & 2 & 0 & 0 & 0 & 1 & 1 \\
1 & 5 & 5 & 1 & 5 & 10 & 10 & 1 & 6 & 10 & 0 & 1 & 2 & 1 & 1 & 0 & 1 & 2 \\
1 & 8 & 8 & 10 & 2 & 10 & 33 & 0 & 2 & 12 & 2 & 2 & 1 & 8 & 10 & 2 & 2 & 10 \\
8 & 0 & 0 & 2 & 1 & 1 & 0 & 5 & 6 & 2 & 1 & 6 & 8 & 0 & 1 & 2 & 0 & 0 \\
9 & 1 & 1 & 2 & 5 & 6 & 2 & 6 & 11 & 10 & 1 & 7 & 10 & 0 & 1 & 2 & 1 & 1 \\
2 & 2 & 2 & 1 & 8 & 10 & 12 & 2 & 10 & 32 & 0 & 2 & 10 & 2 & 2 & 1 & 7 & 9 \\
2 & 0 & 0 & 8 & 0 & 0 & 2 & 1 & 1 & 0 & 5 & 6 & 2 & 1 & 6 & 7 & 0 & 1 \\
10 & 0 & 0 & 10 & 1 & 1 & 2 & 6 & 7 & 2 & 6 & 12 & 10 & 1 & 7 & 9 & 0 & 1 \\
11 & 0 & 0 & 3 & 2 & 2 & 1 & 8 & 10 & 10 & 2 & 10 & 22 & 0 & 2 & 8 & 1 & 1 \\
0 & 1 & 1 & 2 & 0 & 1 & 8 & 0 & 0 & 2 & 1 & 1 & 0 & 4 & 5 & 1 & 1 & 5 \\
2 & 1 & 1 & 10 & 0 & 1 & 10 & 1 & 1 & 2 & 6 & 7 & 2 & 5 & 11 & 8 & 1 & 6 \\
3 & 0 & 0 & 10 & 0 & 0 & 2 & 2 & 2 & 1 & 7 & 9 & 8 & 1 & 8 & 14 & 0 & 1 \\
0 & 0 & 0 & 0 & 1 & 1 & 2 & 0 & 1 & 7 & 0 & 0 & 1 & 1 & 1 & 0 & 3 & 4 \\
0 & 1 & 1 & 2 & 1 & 2 & 10 & 0 & 1 & 9 & 1 & 1 & 1 & 5 & 6 & 1 & 4 & 9
\end{bmatrix}$$

$$R(5) = A^5 = \begin{bmatrix}
2 & 21 & 21 & 13 & 9 & 30 & 59 & 1 & 10 & 26 & 2 & 3 & 3 & 11 & 13 & 2 & 3 & 14 \\
21 & 0 & 0 & 9 & 1 & 1 & 1 & 8 & 9 & 2 & 2 & 10 & 11 & 0 & 2 & 3 & 0 & 0 \\
21 & 0 & 0 & 9 & 1 & 1 & 1 & 8 & 9 & 2 & 2 & 10 & 11 & 0 & 2 & 3 & 0 & 0 \\
13 & 9 & 9 & 4 & 22 & 31 & 26 & 10 & 32 & 60 & 1 & 11 & 24 & 3 & 4 & 3 & 10 & 13 \\
9 & 1 & 1 & 22 & 0 & 1 & 10 & 2 & 2 & 1 & 8 & 10 & 3 & 2 & 10 & 10 & 0 & 2 \\
30 & 1 & 1 & 31 & 1 & 2 & 11 & 10 & 11 & 3 & 10 & 20 & 14 & 2 & 12 & 13 & 0 & 2 \\
59 & 1 & 1 & 26 & 10 & 11 & 6 & 33 & 43 & 26 & 12 & 45 & 61 & 1 & 13 & 24 & 2 & 3 \\
1 & 8 & 8 & 10 & 2 & 10 & 33 & 0 & 2 & 12 & 2 & 2 & 1 & 8 & 10 & 2 & 2 & 10 \\
10 & 9 & 9 & 32 & 2 & 11 & 43 & 2 & 4 & 13 & 10 & 2 & 4 & 10 & 20 & 12 & 2 & 12 \\
26 & 2 & 2 & 60 & 1 & 3 & 26 & 12 & 13 & 6 & 32 & 44 & 25 & 10 & 42 & 48 & 1 & 11 \\
2 & 2 & 2 & 1 & 8 & 10 & 12 & 2 & 10 & 32 & 0 & 2 & 10 & 2 & 2 & 1 & 7 & 9 \\
3 & 10 & 10 & 11 & 10 & 20 & 45 & 2 & 12 & 44 & 2 & 4 & 11 & 10 & 12 & 3 & 9 & 19 \\
3 & 11 & 11 & 24 & 3 & 14 & 61 & 1 & 4 & 25 & 10 & 11 & 4 & 22 & 32 & 12 & 8 & 30 \\
11 & 0 & 0 & 3 & 2 & 2 & 1 & 8 & 10 & 10 & 2 & 10 & 22 & 0 & 2 & 8 & 1 & 1 \\
13 & 2 & 2 & 4 & 10 & 12 & 13 & 10 & 20 & 42 & 2 & 12 & 32 & 2 & 4 & 9 & 8 & 10 \\
2 & 3 & 3 & 3 & 10 & 13 & 24 & 2 & 12 & 48 & 1 & 3 & 12 & 8 & 9 & 2 & 14 & 22 \\
3 & 0 & 0 & 10 & 0 & 0 & 2 & 2 & 2 & 1 & 7 & 9 & 8 & 1 & 8 & 14 & 0 & 1 \\
14 & 0 & 0 & 13 & 2 & 2 & 3 & 10 & 12 & 11 & 9 & 19 & 30 & 1 & 10 & 22 & 1 & 2
\end{bmatrix}$$

$$R(6) = A^6 = \begin{bmatrix}
131 & 2 & 2 & 75 & 13 & 15 & 19 & 59 & 72 & 33 & 26 & 85 & 97 & 3 & 29 & 43 & 2 & 5 \\
2 & 21 & 21 & 13 & 9 & 30 & 59 & 1 & 10 & 26 & 2 & 3 & 3 & 11 & 13 & 2 & 3 & 14 \\
2 & 21 & 21 & 13 & 9 & 30 & 59 & 1 & 10 & 26 & 2 & 3 & 3 & 11 & 13 & 2 & 3 & 14 \\
75 & 13 & 13 & 145 & 4 & 17 & 90 & 26 & 30 & 23 & 60 & 86 & 46 & 24 & 84 & 83 & 3 & 27 \\
13 & 9 & 9 & 4 & 22 & 31 & 26 & 10 & 32 & 60 & 1 & 11 & 24 & 3 & 4 & 3 & 10 & 13 \\
15 & 30 & 30 & 17 & 31 & 61 & 85 & 11 & 42 & 86 & 3 & 14 & 27 & 14 & 17 & 5 & 13 & 27 \\
19 & 59 & 59 & 90 & 26 & 85 & 241 & 6 & 32 & 120 & 26 & 32 & 23 & 61 & 87 & 31 & 24 & 85 \\
59 & 1 & 1 & 26 & 10 & 11 & 6 & 33 & 43 & 26 & 12 & 45 & 61 & 1 & 13 & 24 & 2 & 3 \\
72 & 10 & 10 & 30 & 32 & 42 & 32 & 43 & 75 & 86 & 13 & 56 & 85 & 4 & 17 & 27 & 12 & 16 \\
33 & 26 & 26 & 23 & 60 & 86 & 120 & 26 & 86 & 226 & 6 & 32 & 89 & 25 & 31 & 18 & 48 & 73 \\
26 & 2 & 2 & 60 & 1 & 3 & 26 & 12 & 13 & 6 & 32 & 44 & 25 & 10 & 42 & 48 & 1 & 11 \\
85 & 3 & 3 & 86 & 11 & 14 & 32 & 45 & 56 & 32 & 44 & 89 & 86 & 11 & 55 & 72 & 3 & 14 \\
97 & 3 & 3 & 46 & 24 & 27 & 23 & 61 & 85 & 89 & 25 & 86 & 145 & 4 & 29 & 63 & 12 & 16 \\
3 & 11 & 11 & 24 & 3 & 14 & 61 & 1 & 4 & 25 & 10 & 11 & 4 & 22 & 32 & 12 & 8 & 30 \\
29 & 13 & 13 & 84 & 4 & 17 & 87 & 13 & 17 & 31 & 42 & 55 & 29 & 32 & 74 & 60 & 9 & 41 \\
43 & 2 & 2 & 83 & 3 & 5 & 31 & 24 & 27 & 18 & 48 & 72 & 63 & 12 & 60 & 84 & 2 & 14 \\
2 & 3 & 3 & 3 & 10 & 13 & 24 & 2 & 12 & 48 & 1 & 3 & 12 & 8 & 9 & 2 & 14 & 22 \\
5 & 14 & 14 & 27 & 13 & 27 & 85 & 3 & 16 & 73 & 11 & 14 & 16 & 30 & 41 & 14 & 22 & 52
\end{bmatrix}$$

从可达矩阵 $R(i)=A^i(i=2,3,4,5,6)$ 可以看出，A^6 中所有的元素均为非零，这说明经过邻接矩阵的6次幂运算后，所有节点均互相可达，即彼此能通过中间朋友经过6跳之内实现彼此相识，因此本示例是从矩阵计算的视角来验证"六度分离"理论的具体应用；由此可见"Bob"的广义六度人脉为除自己以外的全部17位人物；对照 A^6 和 A^2、

A^3、A^4、A^5，可以发现 A^2、A^3、A^4、A^5 中的第 2 行第 17 列的元素值均为 0，而 A^6 中的第 2 行第 17 列的元素值为 3，这说明"Bob"（编号为 2）的狭义六度人脉为"Quincy"（编号为 17）。

二、人脉关系的 MySQL 查询方法

在关系型数据库支持方式下进行人脉查询，首先需要创建相关数据表，然后进行多表之间的连接查询。

在此，为了便于数据表的建立和可视化界面操作，在机器上安装 MySQL Community Server 5.5.58 版，采用 Navicat for MySQL11.1.20 客户端来操作 MySQL 数据库，使用 SQL 语句中的 JOIN 多表连接实现对人脉关系的查询。

创建了如下的 1 个数据库"relationships"和 2 张表"characters"（人物信息表）"characterrelationships"（人物关系表），如图 1.10 所示。

图 1.10　使用 Navicat for MySQL11.1.20 客户端创建 MySQL 数据库和数据表

进一步将 characters 表的 Name 设置为 characterrelationships 表的外键，如图 1.11 所示。2 张表"characters""characterrelationships"的数据及关联关系分别如"代码 1.3 characters.sql 文件内容""代码 1.4 characterrelationships.sql 文件内容"所示。

图 1.11　使用 Navicat for MySQL11.1.20 客户端设置主键和外键关联

代码 1.3 characters.sql 文件内容

```
/*
Navicat MySQL Data Transfer

Source Server         : localhost_3306
Source Server Version : 50721
Source Host           : localhost:3306
Source Database       : relationships

Target Server Type    : MYSQL
Target Server Version : 50721
File Encoding         : 65001

Date: 2020-01-10 23:06:51
*/

SET FOREIGN_KEY_CHECKS=0;

-- ----------------------------
```

```
-- Table structure for `characters`
-- ----------------------------
DROP TABLE IF EXISTS `characters`;
CREATE TABLE `characters` (
  `Name` varchar(255) COLLATE utf8mb4_unicode_ci NOT NULL,
  PRIMARY KEY (`Name`)
) ENGINE=InnoDB DEFAULT CHARSET=utf8mb4 COLLATE=utf8mb4_unicode_ci;

-- ----------------------------
-- Records of characters
-- ----------------------------
INSERT INTO `characters` VALUES ('Alastair');
INSERT INTO `characters` VALUES ('Bob');
INSERT INTO `characters` VALUES ('Charley');
INSERT INTO `characters` VALUES ('Diana');
INSERT INTO `characters` VALUES ('Elmer');
INSERT INTO `characters` VALUES ('Francie');
INSERT INTO `characters` VALUES ('Gorge');
INSERT INTO `characters` VALUES ('Helen');
INSERT INTO `characters` VALUES ('Iric');
INSERT INTO `characters` VALUES ('John');
INSERT INTO `characters` VALUES ('Kate');
INSERT INTO `characters` VALUES ('Lyman');
INSERT INTO `characters` VALUES ('Mike');
INSERT INTO `characters` VALUES ('Nick');
INSERT INTO `characters` VALUES ('Odom');
INSERT INTO `characters` VALUES ('Peter');
INSERT INTO `characters` VALUES ('Quincy');
INSERT INTO `characters` VALUES ('Rose');
```

代码 1.4 characterrelationships.sql 文件内容

```
/*
Navicat MySQL Data Transfer

Source Server         : localhost_3306
Source Server Version : 50721
Source Host           : localhost:3306
Source Database       : relationships

Target Server Type    : MYSQL
Target Server Version : 50721
```

File Encoding   : 65001

Date: 2020-01-10 23:17:11
*/
SET FOREIGN_KEY_CHECKS=0;
-- ----------------------------
-- Table structure for `characterrelationships`
-- ----------------------------
DROP TABLE IF EXISTS `characterrelationships`;
CREATE TABLE `characterrelationships` (
  `Name` varchar(255) COLLATE utf8mb4_unicode_ci DEFAULT NULL,
  `Relationship` varchar(255) COLLATE utf8mb4_unicode_ci DEFAULT NULL,
  KEY `ForKeyName` (`Name`),
  CONSTRAINT `ForKeyName` FOREIGN KEY (`Name`) REFERENCES `characters` (`Name`) ON DELETE SET NULL ON UPDATE SET NULL
) ENGINE=InnoDB DEFAULT CHARSET=utf8mb4 COLLATE=utf8mb4_unicode_ci;

-- ----------------------------
-- Records of characterrelationships
-- ----------------------------
INSERT INTO `characterrelationships` VALUES ('Alastair', 'Bob');
INSERT INTO `characterrelationships` VALUES ('Alastair', 'Charley');
INSERT INTO `characterrelationships` VALUES ('Alastair', 'Francie');
INSERT INTO `characterrelationships` VALUES ('Alastair', 'Gorge');
INSERT INTO `characterrelationships` VALUES ('Diana', 'Elmer');
INSERT INTO `characterrelationships` VALUES ('Diana', 'Francie');
INSERT INTO `characterrelationships` VALUES ('Diana', 'Iric');
INSERT INTO `characterrelationships` VALUES ('Diana', 'John');
INSERT INTO `characterrelationships` VALUES ('Gorge', 'Helen');
INSERT INTO `characterrelationships` VALUES ('Gorge', 'Iric');
INSERT INTO `characterrelationships` VALUES ('Gorge', 'Lyman');
INSERT INTO `characterrelationships` VALUES ('Gorge', 'Mike');
INSERT INTO `characterrelationships` VALUES ('John', 'Kate');
INSERT INTO `characterrelationships` VALUES ('John', 'Lyman');
INSERT INTO `characterrelationships` VALUES ('John', 'Odom');
INSERT INTO `characterrelationships` VALUES ('John', 'Peter');
INSERT INTO `characterrelationships` VALUES ('Mike', 'Nick');
INSERT INTO `characterrelationships` VALUES ('Mike', 'Odom');
INSERT INTO `characterrelationships` VALUES ('Mike', 'Rose');
INSERT INTO `characterrelationships` VALUES ('Peter', 'Quincy');

```
INSERT INTO `characterrelationships` VALUES ('Peter', 'Rose');
INSERT INTO `characterrelationships` VALUES ('Bob', 'Alastair');
INSERT INTO `characterrelationships` VALUES ('Charley', 'Alastair');
INSERT INTO `characterrelationships` VALUES ('Francie', 'Alastair');
INSERT INTO `characterrelationships` VALUES ('Gorge', 'Alastair');
INSERT INTO `characterrelationships` VALUES ('Elmer', 'Diana');
INSERT INTO `characterrelationships` VALUES ('Francie', 'Diana');
INSERT INTO `characterrelationships` VALUES ('Iric', 'Diana');
INSERT INTO `characterrelationships` VALUES ('John', 'Diana');
INSERT INTO `characterrelationships` VALUES ('Helen', 'Gorge');
INSERT INTO `characterrelationships` VALUES ('Iric', 'Gorge');
INSERT INTO `characterrelationships` VALUES ('Lyman', 'Gorge');
INSERT INTO `characterrelationships` VALUES ('Mike', 'Gorge');
INSERT INTO `characterrelationships` VALUES ('Kate', 'John');
INSERT INTO `characterrelationships` VALUES ('Lyman', 'John');
INSERT INTO `characterrelationships` VALUES ('Odom', 'John');
INSERT INTO `characterrelationships` VALUES ('Peter', 'John');
INSERT INTO `characterrelationships` VALUES ('Nick', 'Mike');
INSERT INTO `characterrelationships` VALUES ('Odom', 'Mike');
INSERT INTO `characterrelationships` VALUES ('Rose', 'Mike');
INSERT INTO `characterrelationships` VALUES ('Quincy', 'Peter');
INSERT INTO `characterrelationships` VALUES ('Rose', 'Peter');
```

MySQL 使用 JOIN 语句实现多表连接查询。我们依次通过执行相关 SQL 语句实现对"Bob"的"一度"到"六度"人脉的查询。

1. "一度人脉"查询

使用如代码 1.5 所示的 SQL 语句实现对"Bob"的"一度人脉"查询，即查找"Bob"的直接朋友，执行查询的结果如图 1.12 所示，返回结果为与"Bob"直接相连的"Alastair"。

代码 1.5 查询"Bob"的"一度人脉"SQL 语句

```
SELECT CharacterRelationships.Relationship FROM Characters JOIN CharacterRelationships ON
Characters.Name= CharacterRelationships.Name WHERE Characters.Name='Bob'
```

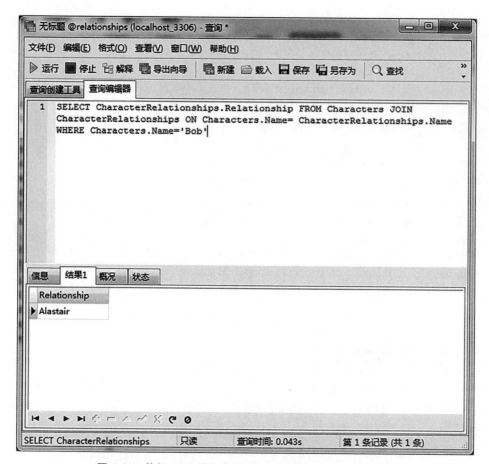

图 1.12　执行 SQL 语句查询"Bob"的"一度人脉"结果

2."二度人脉"查询

使用如代码 1.6 所示的 SQL 语句实现对"Bob"的"二度人脉"查询，即查找"Bob"通过一次中间人介绍认识的朋友，执行查询的结果如图 1.13 所示，返回结果为"Charley""Francie"和"Gorge"。

代码 1.6 查询"Bob"的"二度人脉"SQL 语句

```
SELECT DISTINCT pf1. Name as OneCharacter,pf3. Name as FRIEND_OF_FRIEND FROM
CharacterRelationships pf1
INNER JOIN Characters ON pf1. Name = Characters. Name
INNER JOIN CharacterRelationships pf2 ON pf1. Relationship= pf2. Name
INNER JOIN CharacterRelationships pf3 ON pf2. Relationship= pf3. Name
WHERE pf1. Name = ' Bob' AND pf3. Name <> 'Bob'
```

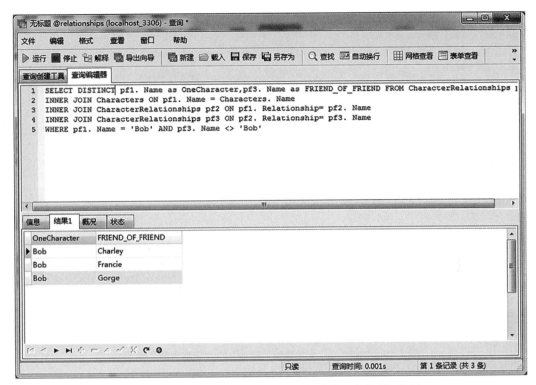

图 1.13　执行 SQL 语句查询 "Bob" 的 "二度人脉" 结果

3. "三度人脉" 查询

使用如代码 1.7 所示的 SQL 语句实现对 "Bob" 的 "三度人脉" 查询，即查找 "Bob" 通过两次中间人介绍认识的朋友，执行查询的结果如图 1.14 所示，返回结果为 "Alastair" "Diana" "Helen" "Iric" "Lyman" 和 "Mike"。

代码 1.7 查询 "Bob" 的 "三度人脉" SQL 语句

SELECT DISTINCT pf1. Name as OneCharacter,pf4. Name as FRIEND_With_Three_Degrees FROM CharacterRelationships pf1
INNER JOIN Characters ON pf1. Name = Characters. Name
INNER JOIN CharacterRelationships pf2 ON pf1.Relationship= pf2.Name
INNER JOIN CharacterRelationships pf3 ON pf2.Relationship= pf3.Name
INNER JOIN CharacterRelationships pf4 ON pf3.Relationship= pf4.Name
WHERE pf1. Name = 'Bob' AND pf4. Name <> 'Bob'

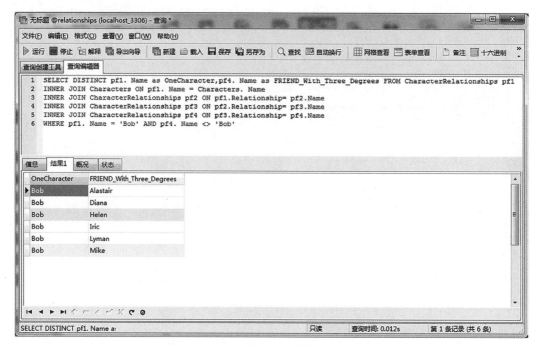

图 1.14 执行 SQL 语句查询 "Bob" 的 "三度人脉" 结果

4. "四度人脉"查询

使用如代码 1.8 所示的 SQL 语句实现对 "Bob" 的 "四度人脉" 查询,即查找 "Bob" 通过三次中间人介绍认识的朋友,执行查询的结果如图 1.15 所示,返回结果 为 "Charley" "Francie" "Gorge" "Elmer" "Iric" "John" "Diana" "Nick" "Odom" 和 "Rose"。

代码 1.8 查询 "Bob" 的 "四度人脉" SQL 语句

SELECT DISTINCT pf1. Name as OneCharacter,pf5. Name as FRIEND_With_Four_Degrees FROM CharacterRelationships pf1
INNER JOIN Characters ON pf1. Name = Characters. Name
INNER JOIN CharacterRelationships pf2 ON pf1.Relationship= pf2.Name
INNER JOIN CharacterRelationships pf3 ON pf2.Relationship= pf3.Name
INNER JOIN CharacterRelationships pf4 ON pf3.Relationship= pf4.Name
INNER JOIN CharacterRelationships pf5 ON pf4.Relationship= pf5.Name
WHERE pf1. Name = 'Bob' AND pf5. Name <> 'Bob'

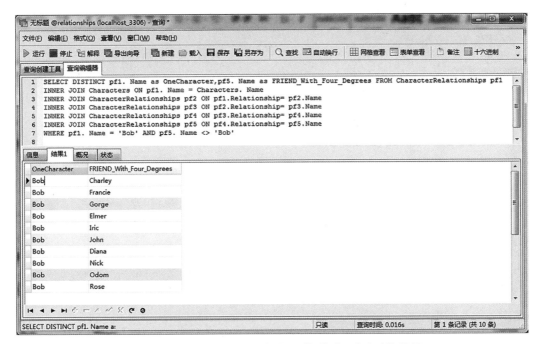

图 1.15 执行 SQL 语句查询"Bob"的"四度人脉"结果

5."五度人脉"查询

使用如代码 1.9 所示的 SQL 语句实现对"Bob"的"五度人脉"查询，即查找"Bob"通过四次中间人介绍认识的朋友，执行查询的结果如图 1.16 所示，返回结果为"Alastair""Diana""Helen""Iric""Lyman""Mike""Gorge""Kate""Odom""Peter""Elmer""Francie""John"。

代码 1.9 查询"Bob"的"五度人脉"SQL 语句

SELECT DISTINCT pf1. Name as OneCharacter,pf6. Name as FRIEND_With_Five_Degrees FROM CharacterRelationships pf1
INNER JOIN Characters ON pf1. Name = Characters. Name
INNER JOIN CharacterRelationships pf2 ON pf1.Relationship= pf2.Name
INNER JOIN CharacterRelationships pf3 ON pf2.Relationship= pf3.Name
INNER JOIN CharacterRelationships pf4 ON pf3.Relationship= pf4.Name
INNER JOIN CharacterRelationships pf5 ON pf4.Relationship= pf5.Name
INNER JOIN CharacterRelationships pf6 ON pf5.Relationship= pf6.Name
WHERE pf1. Name = 'Bob' AND pf6. Name <> 'Bob'

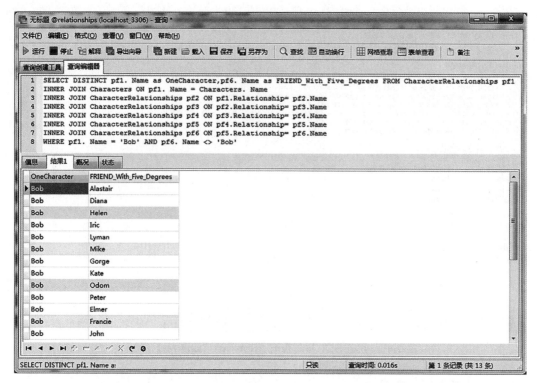

图 1.16 执行 SQL 语句查询"Bob"的"五度人脉"结果

6. "六度人脉"查询

使用如代码 1.10 所示的 SQL 语句实现对"Bob"的"六度人脉"查询，即查找"Bob"通过五次中间人介绍认识的朋友，执行查询的结果如图 1.17 所示，返回结果为除"Bob"以外的其他全部人物。

代码 1.10 查询"Bob"的"六度人脉"SQL 语句

SELECT DISTINCT pf1. Name as OneCharacter,pf7. Name as FRIEND_With_Six_Degrees FROM CharacterRelationships pf1
INNER JOIN Characters ON pf1. Name = Characters. Name
INNER JOIN CharacterRelationships pf2 ON pf1.Relationship= pf2.Name
INNER JOIN CharacterRelationships pf3 ON pf2.Relationship= pf3.Name
INNER JOIN CharacterRelationships pf4 ON pf3.Relationship= pf4.Name
INNER JOIN CharacterRelationships pf5 ON pf4.Relationship= pf5.Name
INNER JOIN CharacterRelationships pf6 ON pf5.Relationship= pf6.Name
INNER JOIN CharacterRelationships pf7 ON pf6.Relationship= pf7.Name
WHERE pf1. Name = 'Bob' AND pf7. Name <> 'Bob'

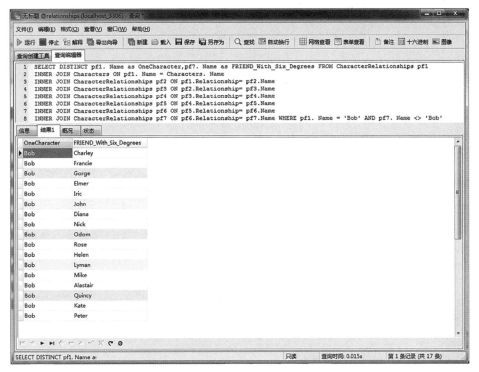

图 1.17　执行 SQL 语句查询 "Bob" 的 "六度人脉" 结果

三、人脉关系的 Neo4j 查询方法

为了避免在 Neo4j Web 浏览器编辑框逐行输入创建节点及关系的 Cypher 语句，将相关 Cypher 语句写到 "D:\Data\CreateRelationships.txt"，然后通过 Neo4j 的 apoc 方法载入该文本文件实现节点及关系的快速创建。

"D:\Data\CreateRelationships.txt" 包含了用于创建如图 1.9 所示的人物关系，其中最后一行语句 "match(n:Relationships) return n;" 用于在 Neo4j Web 浏览器上显示人物节点及关系的创建情况，内容如下：

match(n:Relationships) detach delete n;
merge(:Relationships{name:"1　　Alastair"})
merge(:Relationships{name:"2　　Bob"})
merge(:Relationships{name:"3　　Charley"})
merge(:Relationships{name:"4　　Diana"})
merge(:Relationships{name:"5　　Elmer"})
merge(:Relationships{name:"6　　Francie"})
merge(:Relationships{name:"7　　Gorge"})
merge(:Relationships{name:"8　　Helen"})
merge(:Relationships{name:"9　　Iric"})

merge(:Relationships{name:"10 John"})
merge(:Relationships{name:"11 Kate"})
merge(:Relationships{name:"12 Lyman"})
merge(:Relationships{name:"13 Mike"})
merge(:Relationships{name:"14 Nick"})
merge(:Relationships{name:"15 Odom"})
merge(:Relationships{name:"16 Peter"})
merge(:Relationships{name:"17 Quincy"})
merge(:Relationships{name:"18 Rose"});

match(a:Relationships{name:"1 Alastair"}),(b:Relationships{name:"2 Bob"}) merge (a)-[:FRIEND] –> (b);
match(a:Relationships{name:"1 Alastair"}),(b:Relationships{name:"3 Charley"}) merge (a)-[:FRIEND] –> (b);
match(a:Relationships{name:"1 Alastair"}),(b:Relationships{name:"6 Francie"}) merge (a)-[:FRIEND] –> (b);
match(a:Relationships{name:"1 Alastair"}),(b:Relationships{name:"7 Gorge"}) merge (a)-[:FRIEND] –> (b);

match(a:Relationships{name:"4 Diana"}),(b:Relationships{name:"5 Elmer"}) merge (a)-[:FRIEND] –> (b);
match(a:Relationships{name:"4 Diana"}),(b:Relationships{name:"6 Francie"}) merge (a)-[:FRIEND] –> (b);
match(a:Relationships{name:"4 Diana"}),(b:Relationships{name:"9 Iric"}) merge (a)–[:FRIEND] –> (b);
match(a:Relationships{name:"4 Diana"}),(b:Relationships{name:"10 John"}) merge (a)–[:FRIEND] –> (b);

match(a:Relationships{name:"7 Gorge"}),(b:Relationships{name:"8 Helen"}) merge (a)–[:FRIEND] –> (b);
match(a:Relationships{name:"7 Gorge"}),(b:Relationships{name:"9 Iric"}) merge (a)–[:FRIEND] –> (b);
match(a:Relationships{name:"7 Gorge"}),(b:Relationships{name:"12 Lyman"}) merge (a)-[:FRIEND] –> (b);
match(a:Relationships{name:"7 Gorge"}),(b:Relationships{name:"13 Mike"}) merge (a)-[:FRIEND] –> (b);

match(a:Relationships{name:"10 John"}),(b:Relationships{name:"11 Kate"}) merge (a)–[:FRIEND] –> (b);

match(a:Relationships{name:"10 John"}),(b:Relationships{name:"12 Lyman"}) merge (a)-[:FRIEND] –> (b);
match(a:Relationships{name:"10 John"}),(b:Relationships{name:"15 Odom"}) merge (a)-[:FRIEND] –> (b);
match(a:Relationships{name:"10 John"}),(b:Relationships{name:"16 Peter"}) merge (a)-[:FRIEND] –> (b);

match(a:Relationships{name:"13 Mike"}),(b:Relationships{name:"14 Nick"}) merge (a)-[:FRIEND] –> (b);
match(a:Relationships{name:"13 Mike"}),(b:Relationships{name:"15 Odom"}) merge (a)-[:FRIEND] –> (b);
match(a:Relationships{name:"13 Mike"}),(b:Relationships{name:"18 Rose"}) merge (a)-[:FRIEND] –> (b);

match(a:Relationships{name:"16 Peter"}),(b:Relationships{name:"17 Quincy"}) merge (a)-[:FRIEND] –> (b);
match(a:Relationships{name:"16 Peter"}),(b:Relationships{name:"18 Rose"}) merge (a)-[:FRIEND] –> (b);

match (c:Relationships{name:"2 Bob"}),(d:Relationships{name:"1 Alastair"}) merge (c)-[:FRIEND] –> (d);
match (c:Relationships{name:"3 Charley"}),(d:Relationships{name:"1 Alastair"}) merge (c)-[:FRIEND] –> (d);
match (c:Relationships{name:"6 Francie"}),(d:Relationships{name:"1 Alastair"}) merge (c)-[:FRIEND] –> (d);
Match (c:Relationships{name:"7 Gorge"}), (d:Relationships{name:"1 Alastair"}) merge (c)-[:FRIEND] –> (d);

match(c:Relationships{name:"5 Elmer"}),(d:Relationships{name:"4 Diana"}) merge (c)-[:FRIEND] –> (d);
match(c:Relationships{name:"6 Francie"}),(d:Relationships{name:"4 Diana"}) merge(c)-[:FRIEND] –> (d);
match(c:Relationships{name:"9 Iric"}),(d:Relationships{name:"4 Diana"}) merge(c)-[:FRIEND] –> (d);
match(c:Relationships{name:"10 John"}),(d:Relationships{name:"4 Diana"}) merge(c)-[:FRIEND] –> (d);

match (c:Relationships{name:"8 Helen"}),(d:Relationships{name:"7 Gorge"}) merge (c)-[:FRIEND] –> (d);

```
match (c:Relationships{name:"9      Iric"}),(d:Relationships{name:"7      Gorge"}) merge(c)-[:FRIEND]
-> (d);
match (c:Relationships{name:"12     Lyman"}),(d:Relationships{name:"7      Gorge"}) merge(c)-
[:FRIEND] -> (d);
match (c:Relationships{name:"13     Mike"}),(d:Relationships{name:"7      Gorge"}) merge(c)-
[:FRIEND] -> (d);

match(c:Relationships{name:"11     Kate"}),(d:Relationships{name:"10     John"}) merge(c)-[:FRIEND]
-> (d);
match(c:Relationships{name:"12     Lyman"}),(d:Relationships{name:"10     John"}) merge(c)-
[:FRIEND] -> (d);
match(c:Relationships{name:"15     Odom"}),(d:Relationships{name:"10     John"}) merge(c)-
[:FRIEND] -> (d);
match(c:Relationships{name:"16     Peter"}),(d:Relationships{name:"10     John"}) merge(c)-[:FRIEND]
-> (d);

match(c:Relationships{name:"14     Nick"}),(d:Relationships{name:"13     Mike"}) merge(c)-[:FRIEND]
-> (d);
match(c:Relationships{name:"15     Odom"}),(d:Relationships{name:"13     Mike"}) merge(c)-
[:FRIEND] -> (d);
match(c:Relationships{name:"18     Rose"}),(d:Relationships{name:"13     Mike"}) merge(c)-[:FRIEND]
-> (d);

match (c:Relationships{name:"17     Quincy"}),(d:Relationships{name:"16     Peter"}) merge(c)-
[:FRIEND] -> (d);
match (c:Relationships{name:"18     Rose"}),(d:Relationships{name:"16     Peter"}) merge(c)-
[:FRIEND] -> (d);
match(n:Relationships) return n;
```

在 Neo4j Web 浏览器编辑框输入语句：

```
CALL apoc.cypher.runFile('file:///D:/Data/CreateRelationships.txt')
```

执行结果如图 1.18 所示。

从图 1.18 可以看出，18 个人物节点以及 42 条关系已成功导入 Neo4j 图数据库中。类似地，我们可以进一步使用 Cypher 语句实现对"Bob"的"一度"到"六度"人脉的查询。

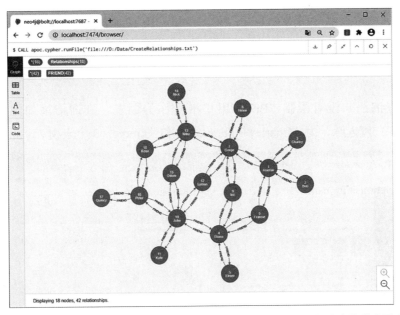

图 1.18 执行 "CreateRelationships.txt" 文件中的 Cypher 语句批量创建人物节点及关系结果

1. "一度人脉"查询

执行 Cypher 语句：

MATCH (n:Relationships {name:"2   Bob"})–[:FRIEND]–>(u) RETURN distinct u;

查询结果如图 1.19 所示，返回结果为与 "Bob" 有直接连接关系的 "Alastair"。

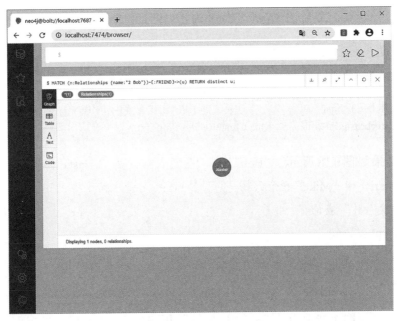

图 1.19 执行 Cypher 语句查询 "Bob" 的 "一度人脉"结果

2. "二度人脉"查询

执行 Cypher 语句：

MATCH (n:Relationships {name:"2   Bob"})-[:FRIEND]->()-[:FRIEND]->(u) RETURN distinct u;

由于查询语句没有限制"Bob"用户本身作为朋友，查询结果如图 1.20 所示，"Bob"的"二度人脉"为"Charley""Francie"和"Gorge"3 个人物。

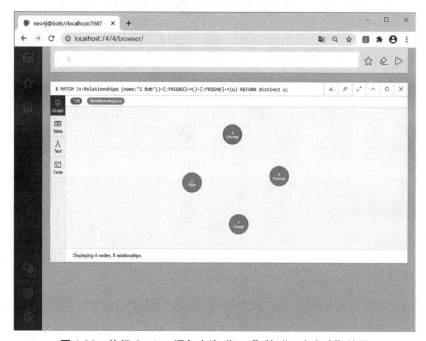

图 1.20　执行 Cypher 语句查询"Bob"的"二度人脉"结果

3. "三度人脉"查询

执行 Cypher 语句：

MATCH (n:Relationships {name:"2   Bob"})-[:FRIEND]->()-[:FRIEND]->()-[:FRIEND]->(u) RETURN distinct u;

查询结果如图 1.21 所示，"Bob"的"三度人脉"为"Alastair""Diana""Helen""Iric""Lyman"和"Mike"6 个人物。

4. "四度人脉"查询

执行 Cypher 语句：

MATCH (n:Relationships {name:"2   Bob"})-[:FRIEND]->()-[:FRIEND]->()-[:FRIEND]->()-[:FRIEND]->(u) RETURN distinct u;

查询结果如图 1.22 所示，不考虑"Bob"用户本身，"Bob"的"四度人脉"为

"Charley""Francie""Gorge""Elmer""Iric""John""Diana""Nick""Odom" 和 "Rose" 10 个人物。

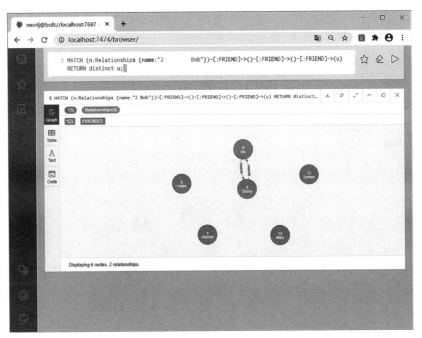

图 1.21 执行 Cypher 语句查询 "Bob" 的 "三度人脉" 结果

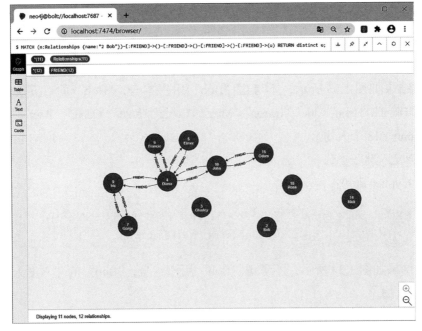

图 1.22 执行 Cypher 语句查询 "Bob" 的 "四度人脉" 结果

5. "五度人脉"查询

执行 Cypher 语句：

MATCH (n:Relationships {name:"2 Bob"})-[:FRIEND]->()-[:FRIEND]->()-[:FRIEND]->()-[:FRIEND]->()-[:FRIEND]->(u) RETURN distinct u;

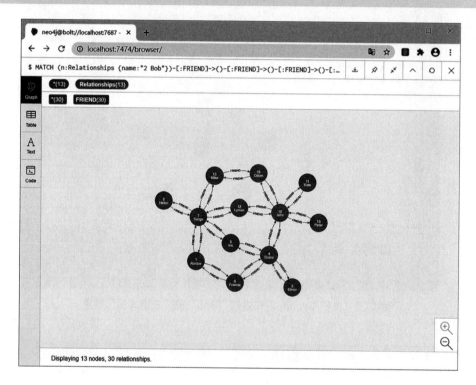

图 1.23　执行 Cypher 语句查询"Bob"的"五度人脉"结果

查询结果如图 1.23 所示，不考虑"Bob"用户本身，"Bob"的"五度人脉"为"Alastair""Diana""Helen""Iric""Lyman""Mike""Gorge""Kate""Odom""Peter""Elmer""Francie""John"13 个人物。

6. "六度人脉"查询

执行 Cypher 语句：

MATCH (n:Relationships {name:"2 Bob"})-[:FRIEND]->()-[:FRIEND]->()-[:FRIEND]->()-[:FRIEND]->()-[:FRIEND]->()-[:FRIEND]->(u) RETURN distinct u;

查询结果如图 1.24 所示，不考虑"Bob"用户本身，"Bob"的"六度人脉"为其他的 17 个人物。

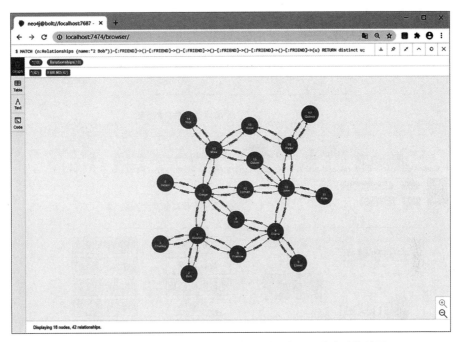

图 1.24　执行 Cypher 语句查询"Bob"的"六度人脉"结果

由此可见，本节通过矩阵计算、MySQL 查询和 Neo4j 查询等 3 种求解方法计算得出的节点人脉关系的结果完全吻合。三种方法的对比分析如下：

矩阵计算方法基于邻接矩阵、可达性矩阵的结论，通过矩阵的幂运算得出人物之间的可达情况，具有直观、明晰等优点，当被分析的人物节点及关系数较多时，需要较快的矩阵计算引擎来支撑；

MySQL 查询基于 SQL 的 JOIN 多表连接操作，当人物节点及关系数较多时，JOIN 操作数也较多，SQL 查询语句也显得比较烦琐，同时也存在着 JOIN BOMB（"连接爆炸"）的问题[6]；

Neo4j 基于边的遍历操作实现对人脉关系的查询，Cypher 语句具有易读、高效、可扩展性好等优点。

第五节　基于 Neo4j 图数据库的主要应用原理

基于 Neo4j 图数据库的主要应用原理如图 1.25 所示。可以看出，主要应用原理图包括"查询和算法""指标参数"和"应用领域"3 个部分。

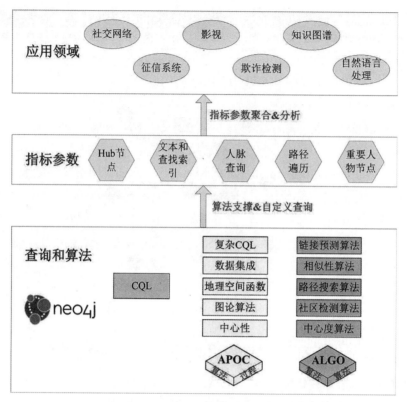

图 1.25　基于 Neo4j 图数据库的主要应用原理图

1. 查询和算法

Neo4j 支持用户通过 Web 浏览器和 cypher-shell 等两种方式进行 CQL（Cypher Query Language，Cypher 查询语言）查询，用户可以根据 Cypher 语法规范进行查询。

同时 Neo4j 提供"APOC"和"ALGO"工具包[7]，其中集成了比较实用的算法函数，方便用户直接进行调用："APOC"工具包封装了网络中心性分析、图论算法、数据集成和地理空间等函数，类似于 SQL 的存储过程，该工具包允许用户编辑多行 Cypher 语句以提高查询的效率；"ALGO"工具包可用于社交网络分析等，主要包括中心性、社区检测、路径搜索、相似性和链接预测等算法。"查询和算法"部分为"指标参数"部分的计算提供了算法支撑和自定义查询。

2. 指标参数

通过 Neo4j 中 CQL 查询以及"APOC"和"ALGO"工具包的调用，用户可以进一步得到"Hub 节点""文本和查找索引""人脉查询""路径遍历""重要人物节点"等指标参数。进一步通过指标参数的聚合和分析，应用到相关领域。

3. 应用领域

Neo4j 的主要应用领域包括"社交网络""影视""知识图谱""征信系统""欺诈检测"和"自然语言处理"等，典型的应用产品有"影视搜""征信""天眼查"等。

参考文献

[1] Kaliyar R k. Graph databases: A survey [C]. International Conference on Computing, Communication & Automation. Noida, 2015:785–790.

[2] https://baike.baidu.com/item/关系型数据库系统/15540093?fr=aladdin.

[3] https://neo4j.com/blog/this-week-in-neo4j-neo4j-etl-tool-tutorial-release-of-jdbc-driver-neo4j-on-aws-marketplace/.

[4] The Definitive Guide to Graph Databases for the RDBMS Developer [EB/OL]. https://go.neo4j.com/rs/710-RRC-335/images/Definitive-Guide-Graph-Databases-for-RDBMS-Developer.

[5] 邓洁，桂改花. 计算机数学——算法基础 线性代数与图论 [M]. 北京：人民邮电出版社，2016.

[6] Rik Van Bruggen, Regional VP & Neo4j Advocate. Demining the "Join Bomb" with Graph Queries [EB/OL].(2013-01-28) [2020-07-26].https://neo4j.com/blog/demining-the-join-bomb-with-graph-queries/

[7] 俞方桦. Neo4j 图数据库扩展指南：APOC 和 ALGO [M]. 北京：清华大学出版社，2020.

第二章
Neo4j 的安装与配置

Neo4j 兼容多种主流的操作系统，如 Windows，Linux 和 Mac 等。本章将分别介绍 Neo4j 在不同操作系统上的安装与配置方法，讲解 Neo4j 在网络环境下进行数据访问的方法。

第一节　Windows 平台下的安装与配置方法

一、Windows 平台下 Neo4j 服务器文件的下载和环境设置

访问 Neo4j 官方网站：https://neo4j.com/，在如图 2.1 所示的首页中用鼠标选择"PRODUCTS"栏目，进一步在出现的浮动页面点击"Download Center"进入如图 2.2 所示的下载中心页面。

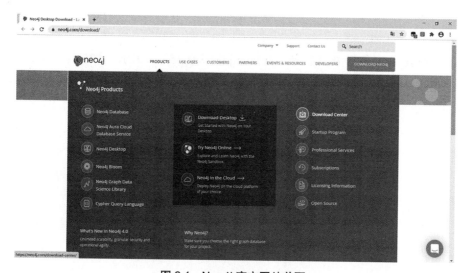

图 2.1　Neo4j 官方网站首页

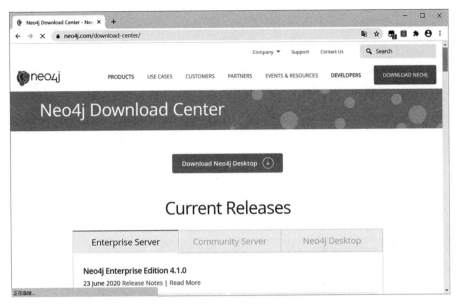

图 2.2　Neo4j 官方网站下载中心页面

从图 2.2 所示的下载中心页面看到，可下载的版本包括"Enterprise Server（企业服务器）""Community Server（社区服务器）"和"Neo4j Desktop（Neo4j 桌面）"3 类。

Neo4j 社区版是免费的，可通过"https://neo4j.com/artifact.php?name=neo4j-community-3.5.8-windows.zip"链接下载 Neo4j 社区 3.5.8 版，进一步解压缩到"D:\tools\neo4j-community-3.5.8-windows\neo4j-community-3.5.8"目录下。

因为运行 Neo4j 需要启动 JVM 进程，所以需要提前配置好 JDK 环境。该压缩包包含了 Neo4j 社区服务器的运行文件，无须执行安装，配置如下的相关环境变量即可。

在 Windows 10 操作系统环境下，打开"控制面板"→"系统和安全"→"系统"→"高级系统设置"，出现如图 2.3 所示的窗口。

点击"环境变量（N）..."，在如图 2.4 所示的窗口依次创建 2 个环境变量，设置变量"JAVA_HOME"的值为"C:\Java\jdk1.8.0_151"（JDK 所在的目录），设置变量"NEO4J_HOME"的值为"D:\tools\neo4j-community-3.5.8-windows\neo4j-community-3.5.8"。

同时为了在 Windows"命令提示符"应用下直接调用 Neo4j 命令，将 Neo4j 社区版的可执行文件目录"%NEO4J_HOME%\bin"加入 Path 环境变量中，如图 2.5 所示。

在完成配置 JDK 和如上环境变量后，可以通过 cypher-shell 和 Web 管理平台等两种方式访问 Neo4j 服务器。

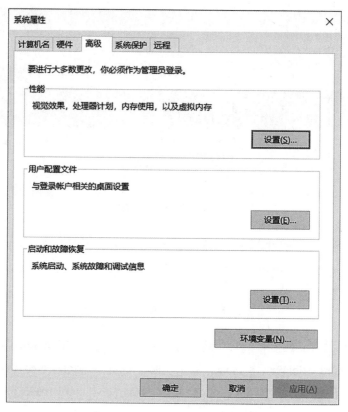

图 2.3　Windows 10 "系统属性" 窗口

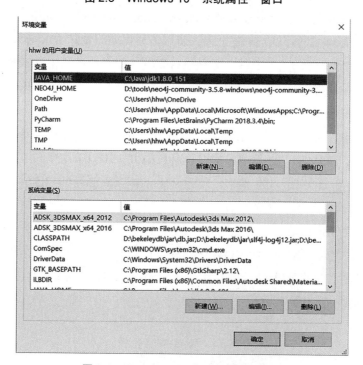

图 2.4　Windows 10 "环境变量" 窗口

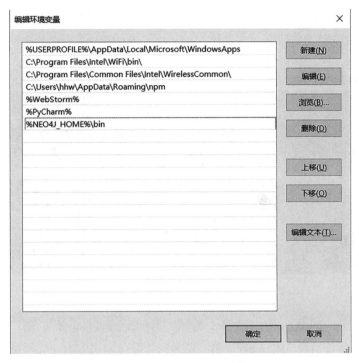

图 2.5　Windows 10 编辑 Path 环境变量窗口

二、使用 cypher-shell 访问 Neo4j 图数据库服务器

图 2.6　Windows 10 "命令提示符" 应用选择窗口

如图 2.6 所示，在 Windows 10 开始菜单输入"cmd"找到"命令行提示符"应用，选择"以管理员身份运行"选项启动该应用，将出现如图 2.7 所示的窗口。

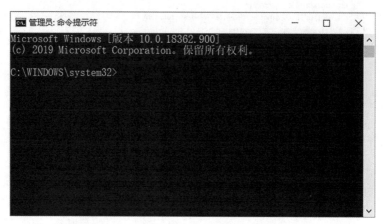

图 2.7　Windows 10 "命令提示符"应用窗口

然后在该窗口的命令行提示符下输入"cypher-shell"，依次在"username:"和"password:"提示符后输入"neo4j"和"123456"登录本机的 Neo4j 服务器。

进一步输入如下的 2 条 Cypher 语句：

match (m) return count(m);
match (n) return count(distinct labels(n));

使用 cypher-shell 登录、查询和返回结果如图 2.8 所示。

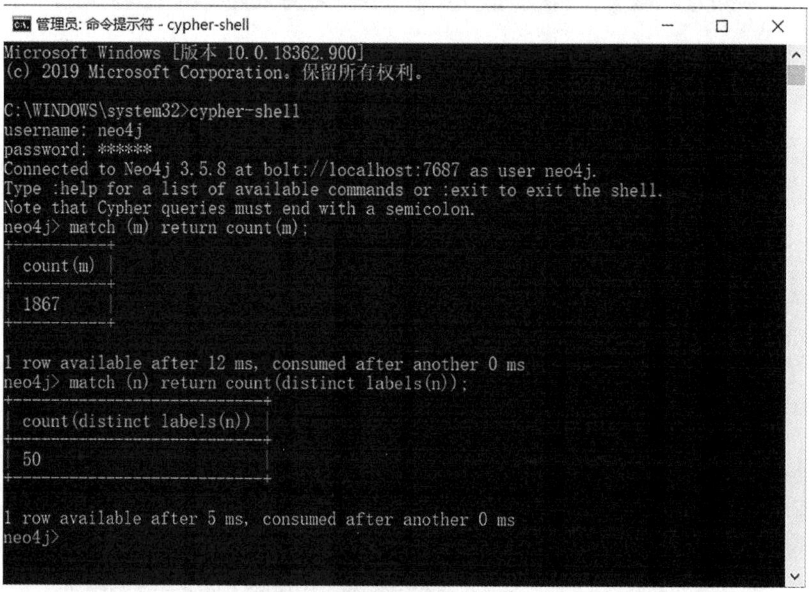

图 2.8　Windows 10 使用 cypher-shell 登录、查询和返回结果窗口

从图 2.8 中可以看出，当前 Neo4j 数据库中共有 1867 个节点，50 个不同的标签。

三、使用 Web 管理平台访问 Neo4j 图数据库服务器

打开 Google Chrome 浏览器的地址栏上输入 "http://localhost:7474"，可进入如图 2.9 所示的 Neo4j Web 管理平台。

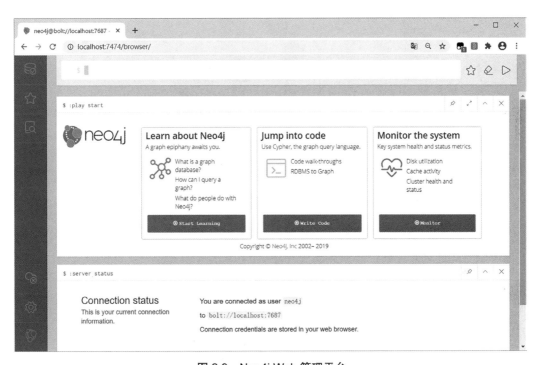

图 2.9　Neo4j Web 管理平台

相对于 cypher-shell 而言，Neo4j Web 管理平台在接收用户输入的 Cypher 查询语句后，能以可视化的方式显示出当前 Neo4j 图数据库中的节点和关系，其中节点用圆圈表示，关系用连线表示。

在 Neo4j Web 浏览器的编辑框中输入 "match (n:Book)<-[r]->(m) return n,r,m;"，点击右侧的三角形按钮运行该 Cypher 语句，在下方区域显示如图 2.10 所示的可视化效果，默认以 "Graph（图）" 的方式展示与标签为 Book 的节点存在着连接关系的所有节点和关系。

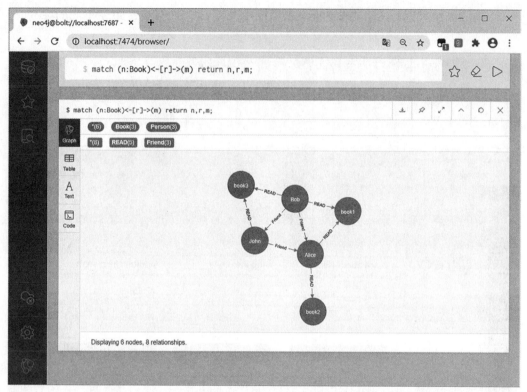

图 2.10　Neo4j Web 管理平台输入 Cypher 查询语句的可视化效果图

第二节　Linux 平台下的安装与配置方法

选择 ubuntu 作为 Linux 操作系统介绍安装与配置方法，其他的 Linux 系列版本的安装与配置过程类似。从 ubuntu 网站链接"http://releases.ubuntu.com/18.04/ubuntu-18.04.4-desktop-amd64.iso"处下载 ubuntu 的 ISO 文件，在 VMWare 虚拟机中安装该 ISO 镜像文件。安装完毕后，在 VMWare 虚拟机中运行 ubuntu，使用"Ctrl+Alt+T"组合快捷键调出终端窗口。

在调出的终端窗口依次输入命令"cat /proc/version""lsb_release –a"，查看 ubuntu 的版本为 18.04，如图 2.11 所示。

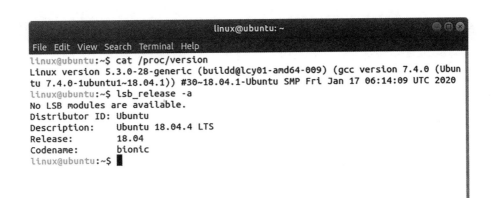

图 2.11　查看 ubuntu 版本信息的终端窗口

从网站链接 http://doc.we-yun.com:1008/neo4j/3.5.8/neo4j-community-3.5.8-unix.tar.gz 下载文件保存到本机的"Downloads"目录下，同时将该文件解压缩到"neo4j-community-3.5.8-unix"子目录下。

进一步在"~/Downloads/neo4j-community-3.5.8-unix/neo4j-community-3.5.8/bin"目录下运行命令"./neo4j start"，启动 neo4j，出现了如图 2.12 所示的启动错误窗口。

图 2.12　ubuntu 18.04 下启动 Neo4j 出现的错误窗口

这说明当前没有 Java 环境，需要安装 Oracle(R) Java(TM) 8 或 OpenJDK(TM) 或 IBM J9。

接着在终端窗口输入命令"sudo apt install openjdk-8-jdk-headless"，在正常联网情况下将自动安装 OpenJDK，安装情况如图 2.13 所示。

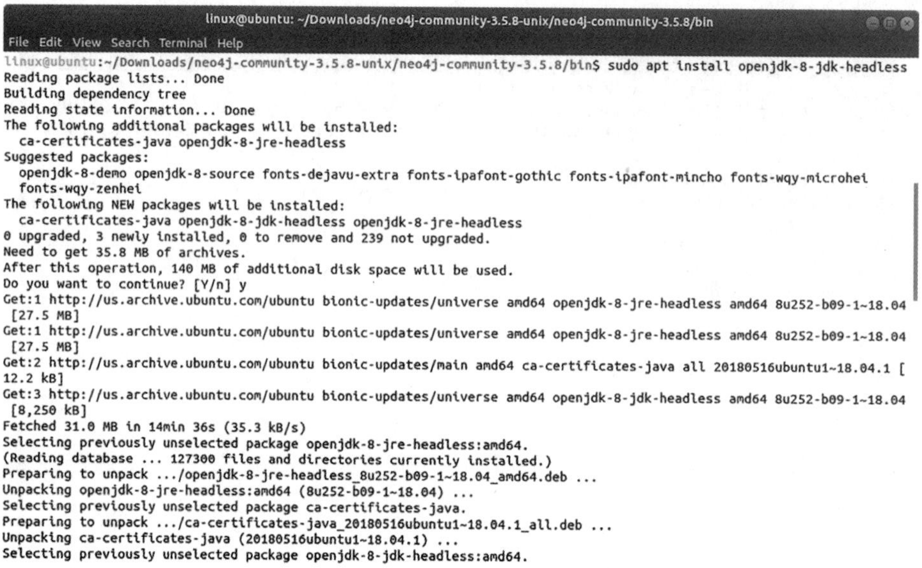

图 2.13　ubuntu 18.04 下安装 OpenJDK 的窗口

当完成 OpenJDK 的安装后，再次在"~/Downloads/neo4j-community-3.5.8-unix/neo4j-community-3.5.8/bin"目录下运行命令"./neo4j start"启动 neo4j，出现了如图 2.14 所示的正常运行窗口。

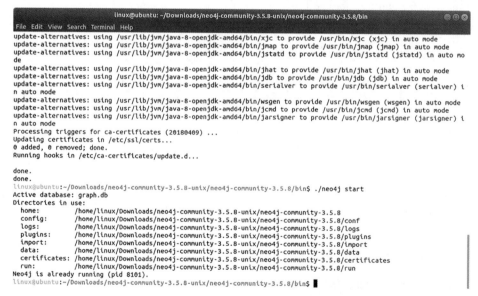

图 2.14　ubuntu 18.04 下启动 Neo4j 出现的正常运行窗口

接着在 Mozilla Firefox 浏览器的地址栏中输入"localhost:7474"，将自动转到如图 2.15 所示的页面。因为是首次登录，所以使用默认用户名 neo4j 和默认密码 neo4j 进行连接。

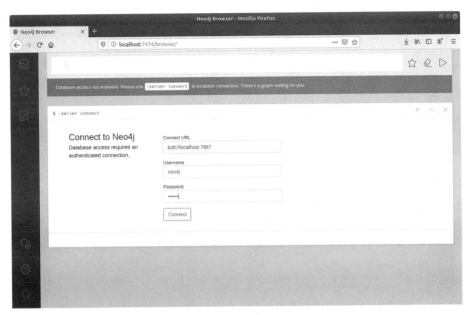

图 2.15　ubuntu 18.04 下 Mozilla Firefox 浏览器连接 Neo4j 的首次登录窗口

连接后出现如图 2.16 所示的窗口提示用户修改密码。

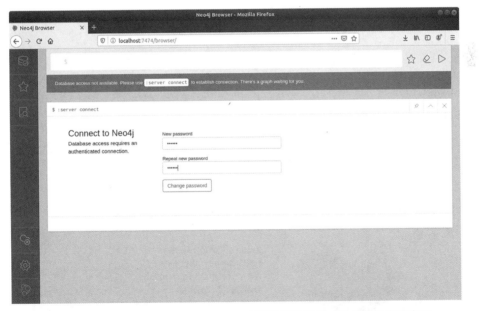

图 2.16　ubuntu 18.04 下 Mozilla Firefox 浏览器连接 Neo4j 的修改密码窗口

在"New password"和"Repeat new password"两个编辑框中分别输入用户新设置的相同密码后点击"change password"即完成密码的重新设置；同时跳转到如图 2.17 所示的 Neo4j Web 页面，在该页面的编辑框中输入 Cypher 查询语句即可实现对 Neo4j 图数据库的操作。

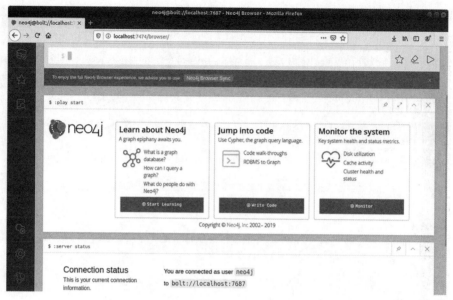

图 2.17 ubuntu 18.04 下 Mozilla Firefox 浏览器显示的 Neo4j Web 页面

第三节 Mac 平台下的安装与配置方法

将 MacBook Pro 移动工作站作为测试用机,该机器的操作系统为 macOS High Sierra 10.13.4,详细的软硬件环境信息如图 2.18 所示。

图 2.18 MacBook Pro 移动工作站详细的软硬件信息

从网站链接"https://neo4j.com/artifact.php?name=neo4j-community-3.5.19-unix.tar.gz"下载 neo4j-community-3.5.19-unix.tar.gz 文件保存到本机的 downloads 目录下。

从 Oracle 官方网站（https://www.oracle.com/）下载 Mac 版的 JRE 和 JDK 安装文件——jre-8u251-macosx-x64.dmg、jdk-8u181-macosx-x64.dmg，然后执行安装并完成 Java 环境的配置。

进一步在"downloads/neo4j-community-3.5.19/bin"目录下运行命令"./neo4j start"，启动 neo4j，出现如图 2.19 所示的正常运行窗口。

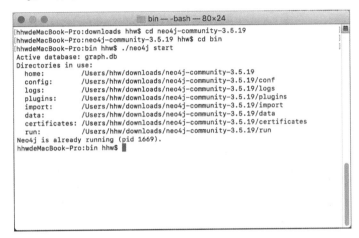

图 2.19　macOS High Sierra 10.13.4 下启动 Neo4j 出现的正常运行窗口

接着打开 Safari 浏览器，在地址栏上输入"localhost:7474"，使用默认的用户名 neo4j 和密码 neo4j 登录，自动转到如图 2.20 所示的页面，表示可以通过网络浏览器方式访问 Neo4j 图数据库。

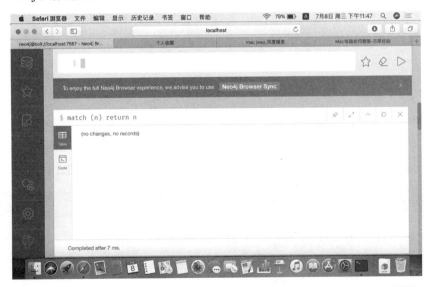

图 2.20　macOS High Sierra 10.13.4 下 Safari 浏览器显示的 Neo4j Web 页面

第四节 1台Neo4j服务器、多台设备在网络环境下的测试方案

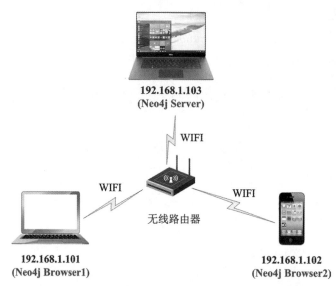

图2.21 1台Neo4j服务器、多台浏览器的网络环境

在1台主机上安装了Neo4j图数据库后，网络环境中的其他主机可以通过Web浏览器进行数据访问。在如图2.21所示的网络环境中，2台笔记本电脑和1部手机通过WIFI无线路由器连接到网络中，通过路由器的DHCP服务获取的IP地址分别为192.168.1.101、192.168.1.103和192.168.1.102。在IP地址为192.168.1.103的笔记本电脑上安装了Neo4j图数据库，IP地址为192.168.1.101的笔记本电脑和IP地址为192.168.1.102的手机分别作为浏览器端进行连接测试。

一、Neo4j服务器的参数配置

Neo4j服务器在默认情况下只支持本机的Web浏览器访问，当允许网络中其他主机访问时，需要修改有关配置文件。具体而言，即要修改"D:\tools\neo4j-community-3.5.8-windows\neo4j-community-3.5.8\conf"目录下的"neo4j.conf"配置文件中的如下部分。

```
# Bolt connector
dbms.connector.bolt.listen_address=0.0.0.0:7687
# HTTP Connector. There can be zero or one HTTP connectors.
dbms.connector.http.listen_address=0.0.0.0:7474
```

删除"#"注释符，使该行设置生效，将原有的":7687"修改为"0.0.0.0:7687"，

将原有的":7474"修改为"0.0.0.0:7474"。

二、笔记本电脑作为浏览器端进行测试

在 IP 地址为 192.168.1.101 的笔记本电脑上打开 Safari 浏览器，并在地址栏上输入"192.168.1.103:7474"，进入如图 2.22 所示的连接页面；接着在该连接页面上使用默认的用户名 neo4j 和密码 neo4j 登录，自动转到如图 2.23 所示的正常访问页面，表示该笔记本电脑可以通过 Web 浏览器方式访问 Neo4j 图数据库。

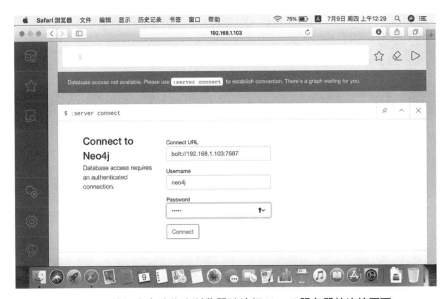

图 2.22　笔记本电脑作为浏览器端访问 Neo4j 服务器的连接页面

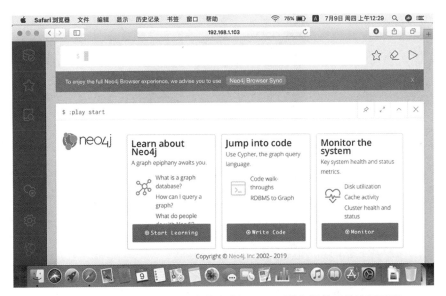

图 2.23　笔记本电脑作为浏览器端访问 Neo4j 服务器的正常访问页面

随后在 Web 浏览器中的 Cypher 语句编辑框中输入"match (n:OS) return count(n);",可以看到如图 2.24 所示的查询结果页面,查询结果说明当前图数据库中有 1 个标签为"OS"的节点。

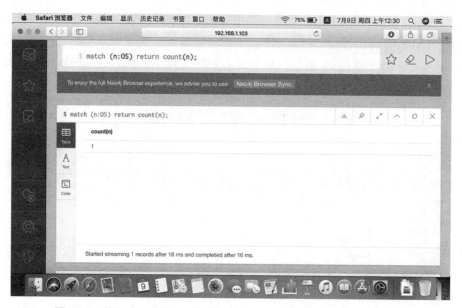

图 2.24　笔记本电脑作为浏览器端访问 Neo4j 服务器的查询结果页面

图 2.25　手机作为浏览器端访问 Neo4j 服务器的连接页面

三、手机作为浏览器端进行测试

在 IP 地址为 192.168.1.102 的手机上打开默认的浏览器，并在地址栏上输入 "192.168.1.103:7474"，进入如图 2.25 所示的连接页面；接着在该连接页面上使用默认的用户名 neo4j 和密码 neo4j 登录，自动转到如图 2.26 所示的正常访问页面，表示该手机可以通过 Web 浏览器方式访问 Neo4j 图数据库。

图 2.26　手机作为浏览器端访问 Neo4j 服务器的正常访问页面

第三章
Neo4j 命令集

Neo4j 支持 Web 浏览器编辑框和 Cypher-shell 两种方式的命令集输入。Neo4j 命令集包括标准的 Cypher 命令和 ALGO、APOC 工具包的调用。本章首先介绍 Neo4j 图数据库中的基本元素,接着展示 Cypher 命令对 Neo4j 基本元素的增、删、改、查等操作方法,详细讲解 Cypher v3.5 的手册卡片,进一步说明 ALGO、APOC 工具包的调用方法,最后给出自定义函数的方法。

第一节 Neo4j 图数据库中的基本元素

一、节点

节点(Node)作为图数据库中的一个基本元素,用来表示一个实体(Entity)记录,如在实际建模中可以代表人物,类似于关系型数据库的一条记录。Neo4j 中一个节点可以有多个标签(Label)和多个属性(Property)。[1]

Cypher 语句支持创建无标签或无属性、既无标签也无属性的节点,即执行"CREATE()"语句将会创建 1 个节点,Neo4j 自动为该节点分配一个 ID。

二、关系

关系(Relationship)作为图数据库中的另一个基本元素,用来连接两个节点以反映其关系。关系对应于图论中的有向边(Edge),以箭头方式从一个节点指向另一个节点。节点之间可以存在着多条指向关系。与创建节点不同的是,Cypher 语句创建关系时必须定义一个关系类型,即执行"CREATE()-[:r]->()"语句将会创建两个节点和从一个节点指向另一个节点、类型为 r 的关系。

使用 Cypher 语句可以先创建多个节点，然后再依次添加它们之间的关系，也可以同时创建节点及关系。为了便于理解，这里给出如式 3.1 所示的新建两个节点及关系的通用语句格式。

CREATE

(var1:Label$_1$,..., :Label$_i$,..., :Label$_P$

{Property$_1$: Value$_1$,...,Property$_j$: Value$_j$,...,Property$_Q$: Value$_Q$})

–[r:TypeofR {Rel$_1$: [Detail$_1$],...,Rel$_k$: [Detail$_k$],...,Rel$_R$: [Detail$_R$]}]

–>(var2:Label$_1$,..., :Label$_e$,..., :Label$_S$

{Property$_1$: Value$_1$,...,Property$_f$: Value$_f$,...,Property$_T$: Value$_T$}) 式 3.1

其中 $i \in [1,P]$，$j \in [1,Q]$，$k \in [1,R]$，$e \in [1,S]$，$f \in [1,T]$，$i,j,k,e,f \in N$。

该语句表示创建 1 个具有 P 个标签为 Label$_i$、Q 个属性为 Property$_j$ 且值为 Value$_j$ 的节点，1 个具有 S 个标签为 Label$_e$、T 个属性为 Property$_f$ 且值为 Value$_f$ 的节点，以及这两个节点之间的关系，其中关系类型为 TypeofR 且具有 R 个属性为 Rel$_k$ 且值为 [Detail$_k$]。变量 var1、var2、r 分别代表新创建的两个节点及关系，便于执行 "MATCH... RETURN..." 等查询（Query）时作为可选参数以缩小检索范围。

三、Neo4j 基本元素的常用函数

Neo4j 的节点和关系采用键值对（Key-Value）方式来存储，因此查询节点或关系的属性名及属性值可以采用类似的方法。表 3.1 列出了 Neo4j 基本元素的常用函数，其中 "√" 表示该函数兼容某个元素，"-" 表示函数不支持某个元素。

表 3.1 Neo4j 基本元素的常用函数

元素类别 \ 函数名	id()	type()	keys()	labels()
节点（n）	√	-	√	√
关系（r）	√	√	√	-

执行 Cypher 语句：

MATCH p=(n:Group1)–[r]–(m) RETURN id(n) AS ID_Group1, keys(n) AS keys_Group1, labels(n) AS labels_Group1, id(r), type(r), keys(r),length(p)

运行结果如图 3.1 所示，可以看到节点的 ID、属性值、标签、关系的 ID、关系类型以及路径的长度等信息。

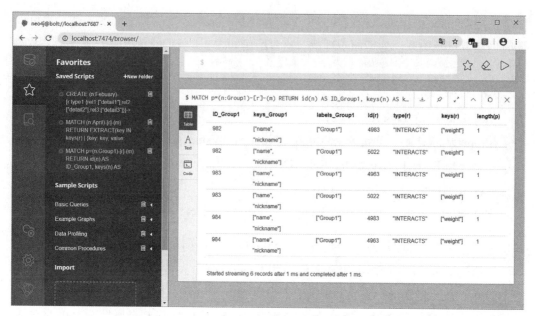

图 3.1　执行 Cypher 语句查询节点及关系详情的运行结果图

接下来，给出使用 Cypher 语句创建并查询节点及关系的简单示例。

四、使用 Cypher 语句创建并查询节点及关系的简单示例

例 3.1 在 Neo4j 中新建两个节点并创建它们之间的关系，然后通过 Cypher 语句查询：

第一个节点（关系发起节点）的标签名、属性及值；

它们之间关系的属性及值。

实现步骤如下：

从 https://github.com/apcj/arrows 网站上下载使用箭头绘图的工具源码 "arrows-gh-pages.zip"。解压该文件到本地文件夹，打开该目录下的 "index.html" 文件，绘制如图 3.2 所示的人物关系示意图。

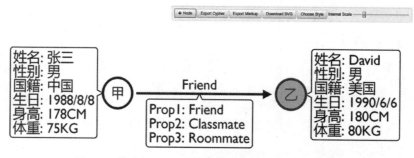

图 3.2　使用 Arrows 工具网页绘制的人物关系示意图

1. 执行 Cypher 语句创建人物节点及关系

在 Neo4j Web 浏览器编辑框中输入如下 Cypher 语句：

CREATE
(n:`甲` {`姓名`:'张三',`性别`:'男',`国籍`:'中国',`生日`:'1988/8/8',`身高`:'178CM',`体重`:'75KG'}),
(m:`乙` {`姓名`:'David',`性别`:'男',`国籍`:'美国',`生日`:'1990/6/6',`身高`:'180CM',`体重`:'80KG'}),
(r)–[:`Friend` {Prop1:'Friend',Prop2:'Classmate',Prop3:'Roommate'}]–>(m)

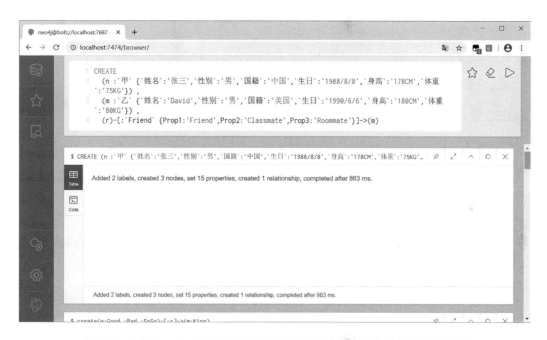

图 3.3　执行 Cypher 语句创建 `甲` 和 `乙` 两个节点及关系的运行结果图

运行结果如图 3.3 所示，可以看到在 Neo4j 中成功创建了 2 个标签、3 个节点、15 个属性和 1 条关系。

2. 执行 Cypher 语句进行查询

（1）查询关系的详细属性

执行 Cypher 语句：

MATCH (n)–[r:`Friend`]–>(m) return keys(r)

返回值：

["Prop2", "Prop3", "Prop1"]

（2）查询关系的详细属性值

●执行 Cypher 语句，获取详细属性的值并输出到新节点：

```
MATCH (n)–[r:`Friend`]->(m)
// 匹配具有 `Friend` 关系的 "甲"、"乙" 两个节点
UNWIND keys(r) AS Newkey
// 将列表转为行
WITH count(Newkey) AS C
// 计算元素的行数，C=3
MATCH (n)–[r:`Friend`]->(m)
FOREACH (i IN range(1,C) |
  CREATE (:February2020{name:r[keys(r)[i-1]]}))
// 进行 3 次循环，将详细属性值输出到新的节点信息中
```

返回值：

Added 3 labels, created 3 nodes, set 3 properties, completed after 314 ms.

●查询新节点的创建情况

执行 Cypher 语句：

MATCH (n:February2020) RETURN n

运行结果如图 3.4 所示，可以看到在 Neo4j 中成功创建了标签为 February2020 的 3 个节点，它们的 name 属性分别为 Friend、Classmate 和 Roommate。

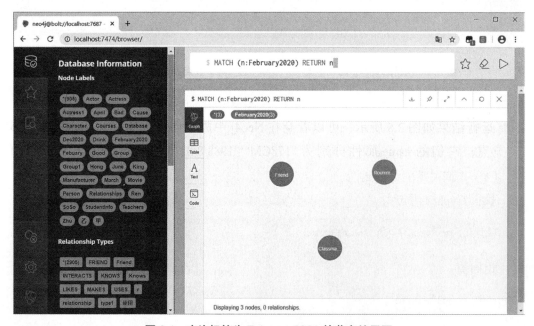

图 3.4　查询标签为 February2020 的节点结果图

（3）查询节点甲的详细属性

执行 Cypher 语句：

MATCH (n:`甲`) RETURN keys(n)

返回值：

["身高","生日","国籍","体重","姓名","性别"]

（4）查询节点甲的详细属性值

●执行 Cypher 语句，获取节点甲的详细属性值并输出到新节点。

MATCH (n:`甲`)
// 匹配"甲"节点
UNWIND keys(n) AS Newkey
// 将列表转为行
WITH count(Newkey) AS D
// 计算元素的行数，D=6
MATCH (n:`甲`)
FOREACH (j IN range(1,D) |
  CREATE (:Node2020{name:n[keys(n)[j-1]]}))
// 进行 6 次循环，将详细属性值输出到新的节点信息中

返回值：

Added 6 labels, created 6 nodes, set 6 properties, completed after 63 ms.

●查询新节点的创建情况

执行 Cypher 语句：

MATCH (n:Node2020) RETURN n

运行结果如图 3.5 所示，可以看到在 Neo4j 中成功创建了标签为 Node2020 的 6 个节点，它们的 name 属性分别为 "178CM" "1988/8/8" "中国" "75KG" "张三" 和 "男"。

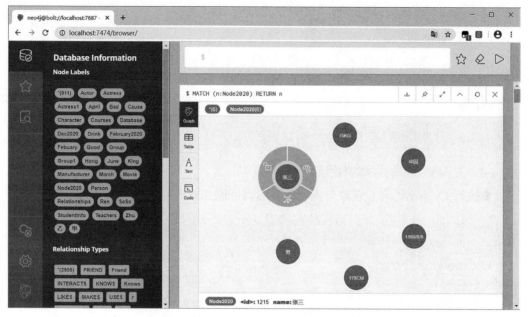

图 3.5　查询标签为 Node2020 的节点结果图

第二节　使用 Cypher 语言操作节点及关系

一、Cypher 语言简介

如前所述，图数据中的基本元素包括节点（Node）、关系（Relationship）、标签（Label）和属性（Property）。

采用 Neo4j 图数据库进行建模分析的一般步骤包括：

1. 根据实际应用抽象并绘制出模型草图；

2. 使用 Cypher 语句逐行创建或基于外部数据导入方式生成节点及关系，保存到 Neo4j 图数据库；

3. 执行相关 Cypher 语句，分析和挖掘图数据库中关系或路径的潜在特性。

Cypher 语言的重要特点在于它是一种声明式的语言，焦点在于查询（Query）什么内容，而不是如何去查询。用户可使用双斜线"//"进行注释以提高语句的可读性。

Cypher 语句采用类似于图 3.6 所示的 ASCII Art（艺术）字符[2]进行编写，形象地展示出图数据库中的对象及关系，易于学习和扩展。

```
                    ,-.
                    `-'
                    /|\
   ,---.             |
   |Bob|            / \
   `-+-'          Alice
     |    hello    |
     |------------>|
     |             |
     |  Is it ok?  |
     |<- - - - - - |
   ,-+-.         Alice
   |Bob|          ,-.
   `---'          `-'
                  /|\
                   |
                  / \
```

图 3.6　ASCII Art 字体展示效果图

表 3.2 给出了 Cypher 语句中关系和节点的表示方法。

表 3.2　Cypher 语句中关系和节点的表示方法

元素	符号	说明
节点（Node）	()	用来表示实体或对象；类似于关系型数据库中的一条记录
关系（Relationship）	-[]-	节点之间的连接；类似于关系型数据库中数据表之间的 JOIN（连接）
标签（Label）	:	节点或关系的类型
属性（Property）	{}	节点或关系的特征

二、Cypher 语言的主要特点

Cypher 语言的主要特点如下：

1. 确定的实践表达查询：如 like 和 order by 是受 SQL 的启发。模式匹配的表达式来自 SPARQL。正则表达式匹配实现实用 Scala programming language 语言。

2. 声明式语言：焦点在于从图中如何找回（what to retrieve），而不是怎么去做。

SQL 的操作对象主要是数据库、数据表以及表中的记录，主要操作包括数据备份、数据导入和导出，数据表中记录的增删改查等；而 CQL 的操作对象主要是图模型中的节点、属性、关系、标签等，所涉及的操作包括各对象的增删改查，CQL 的查询性能优势体现在将多次表 JOIN 而产生的笛卡尔积转换为图模型的遍历，为此非常适合于社交网络等关系密集型系统的深度信息查询。

Cypher 语言中与 SQL 命令集相同的命令有：ORDER BY、LIMIT、DISTINCT、WHERE。使用 Cypher 语言可以操作 Neo4j 图数据库的节点及关系，在此主要介绍对节点及关系进行增、删、改、查的 Cypher 语句。

三、对节点及关系进行增、删、改、查的 Cypher 语句

对于关系型数据库而言，针对数据表的增、删、改、查需要采用不同的 SQL 语句来实现。而对于 Neo4j 图数据库而言，可以采用有关读写查询方式的 Cypher 语句实现对节点、关系以及路径等的增、删、改、查。

Cypher 语句大小写不敏感，即语句中字母的大小写等效。

[MATCH WHERE]
[OPTIONAL MATCH WHERE]
[WITH [ORDER BY] [SKIP] [LIMIT]]
(CREATE [UNIQUE] | MERGE)*
[SET|DELETE|REMOVE|FOREACH]*
[RETURN [ORDER BY] [SKIP] [LIMIT]]

具体参数请参见"第三节 Cypher 手册详解"部分。

表 3.3 给出了常用的 Cypher 命令及使用说明。

增、删、改、查是 Neo4j 图数据库的常用操作。一般而言，删除、修改和查询需要匹配到具体节点和关系才能进行，因此需要和 MATCH 命令一起组合使用。

表 3.3 常用的 Cypher 命令及使用说明

常用命令	说明
CREATE	创建节点及关系
MERGE	合并查找，如无则新建、否则仅查询
DELETE	删除节点或关系
SET	修改属性
MATCH	匹配模式，类似于 SQL 语句中的 "SELECT * FROM TableA"
WHERE	设置过滤条件
REMOVE	删除节点或关系的属性和标签

续表

常用命令	说明
RETURN	返回查询值
WITH	连接多个查询结果，将上一条查询的结果应用到下一条查询

(一) 增

使用 CREATE 语句或 MERGE 语句创建节点及关系。

依次执行如下 Cypher 语句：

```
// 创建节点及关系，依次逐条执行如下语句：
CREATE (RDBMS:Database{name:"MySQL"})-[r:USES]->(Cause:Cause{Command:"SELECT"})
MATCH (RDBMS:Database)
MERGE (RDBMS)-[r:USES]->(Cause:Cause{Command:"WHERE"})
CREATE (GraphDB:Database{name:"Neo4j"})-[r:USES]->(Cause:Cause{Command:"MATCH"})
MATCH (GraphDB:Database{name:"Neo4j"}),(Cause:Cause{Command:"WHERE"})
MERGE (GraphDB)-[r:USES]->(Cause)
RETURN GraphDB.name, type(r), Cause.Command
MATCH (n:Database)-[r]->(m) RETURN n,r,m
```

运行结果如图 3.7 所示，可以看到已创建了 5 个有标签的节点及 4 个有属性的关系。

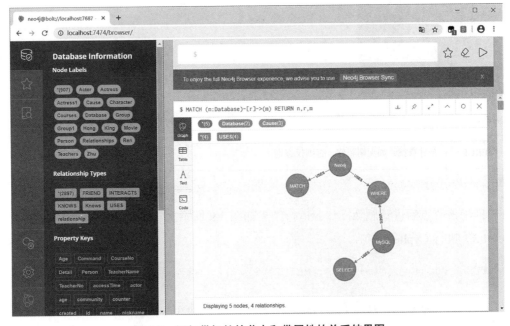

图 3.7　添加带标签的节点和带属性的关系结果图

(二) 删

使用 DELETE 语句可以实现对节点和关系的删除。

1. 删除节点

当节点与其他节点没有关联时，使用 DELETE 语句可以直接删除该节点。

（1）执行 Cypher 语句：

```
CREATE (n:StudentInfo {Name:"Peter"}) RETURN n;
```

运行结果如图 3.8 所示，可以看到在 Neo4j 中成功创建了 1 个 Name 属性为 "Peter" 的节点。

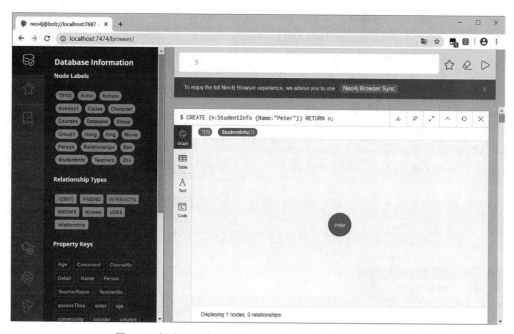

图 3.8　创建了 1 个 Name 属性为 "Peter" 的节点结果图

（2）执行 Cypher 语句：

```
MATCH (n:StudentInfo {Name:"Peter"}) DELETE n;
```

匹配该节点后进行删除操作，运行结果如图 3.9 所示。

（3）执行 Cypher 语句：

```
MATCH (n:StudentInfo {Name:"Peter"}) RETURN n
```

再次查询时已找不到该节点，运行结果如图 3.10 所示。

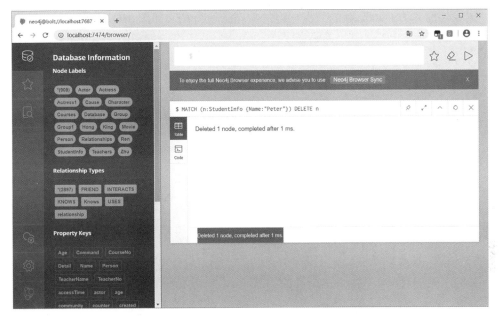

图 3.9　删除 Name 属性为 "Peter" 的节点结果图

图 3.10　再次检索 Name 属性为 "Peter" 的节点结果图

2. 删除关系

由于之前创建了节点及关系，所以在该数据的基础上删除相关关系。

（1）执行 Cypher 语句：

MATCH (n:Database)-[r]->(m) DELETE r

删除与标签为 Database 的节点相连的关系，运行结果如图 3.11 所示。

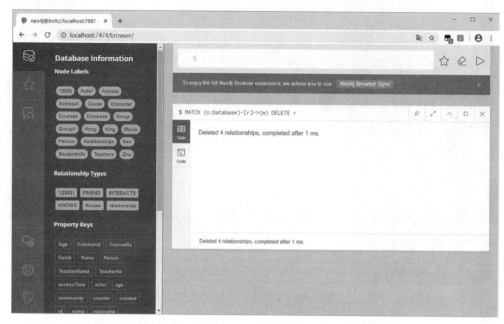

图 3.11　删除与标签为 Database 的节点相连的关系结果图

（2）执行 Cypher 语句：

MATCH (n:Database), (m:Course) RETURN n,m

再次查询已经找不到相连的关系，运行结果如图 3.12 所示。

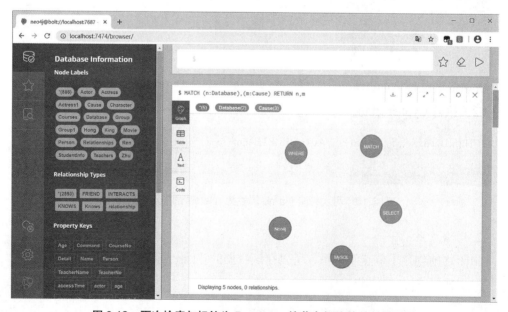

图 3.12　再次检索与标签为 Database 的节点相连的关系结果图

3. 删除节点及关系

当某节点存在着与其他节点之间的关系时，不能使用单一的"DELETE"语句删除该节点。

（1）执行 Cypher 语句：

MATCH (n:Database), (m:Course) DELETE n,m

如在之前的数据基础上直接试图删除标签为"MySQL"的节点，会出现如图 3.13 所示的错误提示。

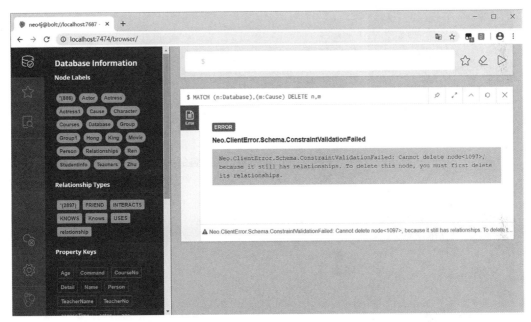

图 3.13 使用"DELETE"语句删除与其他节点存在关联节点时的报错图

此时需要采用"DETACH DELETE"语句来删除节点及关系。

（2）执行 Cypher 语句：

MATCH (n:Database),(m:Cause) DETACH DELETE n,m

运行结果如图 3.14 所示。

（3）再次执行 Cypher 语句：

MATCH (n:Database), (m:Course) RETURN n,m

已确认标签为 Database 和 Cause 的两个节点及关系均被成功删除，运行结果如图 3.15 所示。

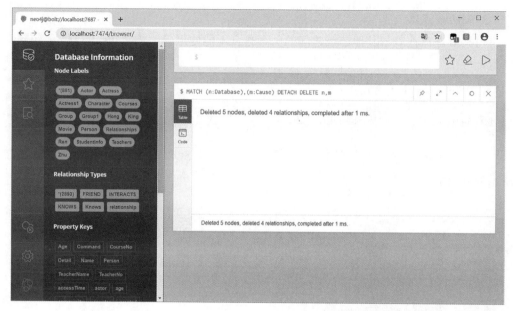

图 3.14 使用"DETACH DELETE"语句删除节点及关系的结果图

图 3.15 再次检索标签为 Database 和 Cause 的两个节点及关系结果图

(三)改

使用 SET 语句可以实现对节点属性和关系类型的修改。

1. 修改节点属性

执行 Cypher 语句：

MATCH (n:Database)–[r]–>(m) WHERE m.Command="SELECT" set m.Command=" 选择 " RETURN n,r,m

将与 Database 节点相连节点的 Command 属性由 "SELECT" 修改为 " 选择 "，运行结果如图 3.16 所示。

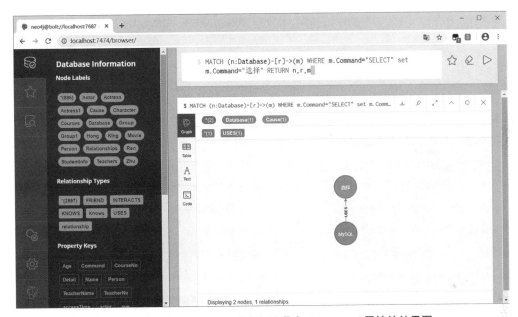

图 3.16　修改与 Database 节点相连节点 Command 属性的结果图

2. 修改关系类型[3]

（1）执行 Cypher 语句：

MATCH (n:Database)–[r]–>(m) WHERE m.Command="SELECT"
CREATE (n)–[r1:"Utlizes"]–>(m)
SET r1 = r
WITH r
DELETE r
// 修改为中文字符：
MATCH (n:Database)–[r]–>(m) WHERE m.Command=" 选择 "
CREATE (n)–[r1:` 使用 `]–>(m)
SET r1 = r
WITH r
DELETE r

将关系类型由 "Utlizes" 修改为 ` 使用 `。

（2）执行 Cypher 语句：

MATCH (n:Database)–[r]–>(m) RETURN n, r, m

查询与 Database 节点相连的节点及关系，可以看到 MySQL 和选择两个节点之间的关系类型为`使用`，运行结果如图 3.17 所示。

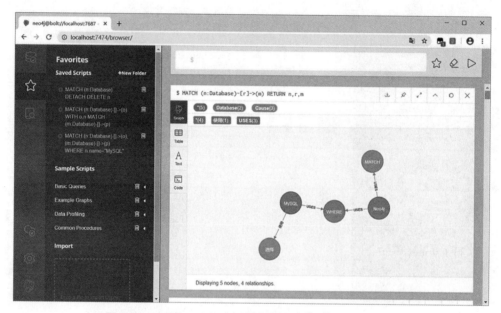

图 3.17　查询与 Database 节点相连的节点及关系结果图

（四）查

1. 使用"MATCH... WHERE... RETURN..."查询节点及关系

分别给出"WHERE"子句中设置不同逻辑判断情形的示例语句。

（1）查询同时兼容 Neo4j 和 MySQL 的命令

执行 Cypher 语句：

MATCH (n:Database)-->(o)<--(m:Database)
RETURN n, o, m

MATCH (n:Database)-[]->(o),(m:Database)-[]->(p)
WHERE n.name="MySQL" and m.name="Neo4j" and o=p
RETURN o

运行结果如图 3.18 所示，可以看出同时兼容 Neo4j 和 MySQL 的命令为 WHERE。

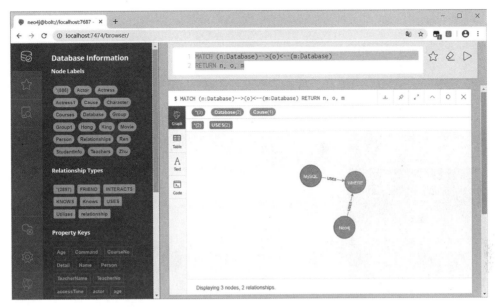

图 3.18 查询同时兼容 Neo4j 和 MySQL 的命令结果图

（2）查询 MySQL 可用、但不兼容 Neo4j 的命令

执行 Cypher 语句：

```
MATCH (n:Database)-[]->(o)
WHERE n.name="MySQL"
WITH n,o
MATCH (m:Database{name:"Neo4j"})
WHERE NOT (m)--(o)
RETURN n,o
```

运行结果如图 3.19 所示，可以看出 MySQL 可用、但不兼容 Neo4j 的命令为"选择"。

（3）查询 Neo4j 可用、但不兼容 MySQL 的命令

执行 Cypher 语句：

```
MATCH (n:Database)-[]->(p)
WHERE n.name="Neo4j"
WITH n,p
MATCH (m:Database{name:"MySQL"})
WHERE NOT (m)--(p)
RETURN n,p
```

运行结果如图 3.20 所示，可以看出 Neo4j 可用、但不兼容 MySQL 的命令为 MATCH。

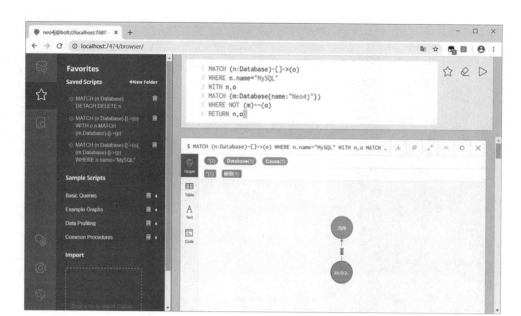

图 3.19　查询 MySQL 可用、但不兼容 Neo4j 的命令结果图

图 3.20　查询 Neo4j 可用、但不兼容 MySQL 的命令结果图

2. 使用"子句"+"RETURN…"查询节点及关系

（1）执行 Cypher 语句：

```
MATCH (n:Database) RETURN ID(n)
```

运行结果如图 3.21 所示，可以看出 1040 和 1081 是 Neo4j 创建节点时自动生成的

编号。

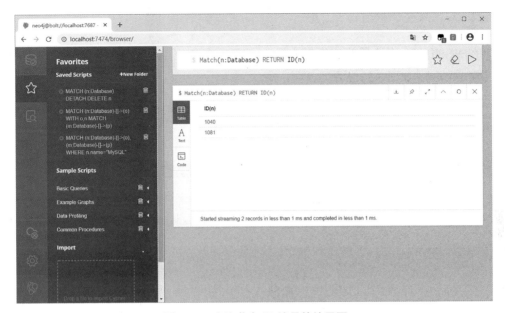

图 3.21　查询节点 ID 编号的结果图

（2）执行 Cypher 语句：

START a=node(1081) RETURN a

运行结果如图 3.22 所示，可以看出返回指定 ID 编号为 1081 的节点。

图 3.22　查询指定 ID 编号的节点图

第三节 Cypher 手册详解

在 Neo4j Web 浏览器的编辑框内输入":help cypher"可以快速查询有关命令的语法和简单示例,如图 3.23 所示。

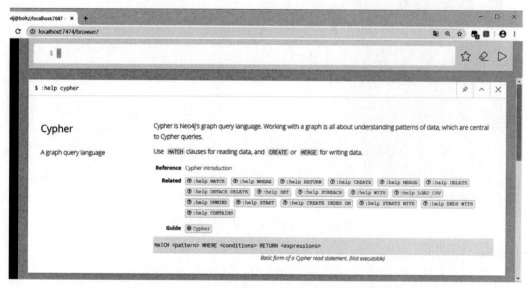

图 3.23 Cypher 帮助页面

访问"https://neo4j.com/docs/cypher-refcard/3.5/"链接可以查看 Cypher v3.5 的参考手册卡片。该手册卡片提供了 Cypher 的基本语法和使用方法,给出了 Cypher 的详细说明和示例。从该手册上可以看出,Cypher 语句的各子句根据实际查询需求可以进行多次嵌套,其中"[]"表示可选参数项;Cypher 语句包括"读(Read)""写(Write)""通用(General)""函数(Function)""模式(Schema)""性能(Performance)"6 类。

一、读(Read)语句

读查询结构:
[MATCH WHERE]
[OPTIONAL MATCH WHERE]
[WITH [ORDER BY] [SKIP] [LIMIT]]
RETURN [ORDER BY] [SKIP] [LIMIT]
按此读查询结构将各命令组合在一起实现具体的查询,"[...]"为根据实际情况添加的参数项，RETURN 是必选项。

● MATCH

MATCH 子句（命令 / 谓词）类似于 SQL 语句中的 SELECT 子句，能读取并筛选节点（nodes）/ 标签（labels）/ 属性（properties）/ 路径（关系）等模式。

例：

（1）MATCH (n)

实现功能：筛选所有节点及关系信息。

（2）MATCH (n:Person)-[:KNOWS]->(m:Person)

WHERE n.name = 'Bob'

实现功能：筛选 Bob 认识的所有人。

（3）MATCH (n)-->(m)

实现功能：筛选节点 n 所指向的节点。

（4）MATCH (n {name: 'Kevin'})-->(m)

实现功能：筛选 Kevin 所指向的节点。

（5）MATCH p = (n)-->(m)

实现功能：筛选从节点 n 到节点 m 的路径 p。

（6）OPTIONAL MATCH (n)-[r]->(m)

实现功能：筛选从节点 n 到节点 m 存在指向关系 r 的节点，"OPTIONAL MATCH (n)-[r]->(m) RETURN n"将返回符合条件的节点信息，当无符合条件的节点时，返回值 n 为 "null"；当没有 OPTIONAL 选项时，无返回值，显示信息为 "(no changes, no records)"。

注："MATCH (n)<-->(m)" 等效于 "MATCH (n)--(m)"，相当于 "MATCH (n)-->(m)" 或 "MATCH (n)<--(m)"，即筛选节点 n 和 m 之间存在着关系的情形。

● WHERE

例：

WHERE n.property <> $value

实现功能：设置 "当 n.property 不等于 $value" 的判断条件。

注：WHERE 子句设置过滤的谓词；WHERE 子句不能单独使用，需要和 MATCH 或 OPTIONAL MATCH 或 WITH 或 START（命令 / 谓词）组合成判断子句来使用。

● RETURN

类似于 Java 语言的 return 函数，返回图数据库的查询结果。

例：

（1）RETURN *

返回所有变量的值，其中 "*" 为通配符，表示变量名，在 Neo4j Web 浏览器中的编辑框中直接输入"RETURN *"会报错,如在 MATCH 子句中定义某个变量 r,输入"RETURN r"即可。

(2) RETURN n AS columnName

将 columnName 作为 n 的别名返回。

(3) RETURN DISTINCT n

返回去掉冗余后的记录。

(4) ORDER BY n.property

对返回结果进行排序,默认是升序。

(5) ORDER BY n.property DESC

对返回结果按降序排列。

(6) SKIP $skipNumber

跳过数量为 $skipNumber 的结果进行显示。

(7) LIMIT $limitNumber

只显示 $limitNumber 数量的结果,当图数据库节点数和关系数较多时,使用此子句能有效降低查询时延。

(8) SKIP $skipNumber LIMIT $limitNumber

跳过前若干条并且限制显示的结果数量。

(9) RETURN count(*)

返回匹配的行数。

● WITH

WITH 在语法上类似于 RETURN,明确区分各查询部分,用来标注和上下文的变量。

例:

(1) MATCH (user)-[:FRIEND]-(friend)

WHERE user.name = $name

WITH user, count(friend) AS friends

WHERE friends > 10

RETURN user

在 WITH 子句中声明的 friends 变量可用于 WHERE 子句的条件判断。

(2)

MATCH (user)-[:FRIEND]-(friend)

WITH user, count(friend) AS friends

ORDER BY friends DESC

SKIP 1

LIMIT 3

RETURN user

ORDER BY，SKIP 和 LIMIT 也可以和 WITH 一起组合使用。

● UNION

返回两个及以上结果集的并集，包括 UNION 和 UNION ALL 两个子句。

例：

（1）

MATCH (n:Group1) RETURN n

UNION

MATCH (n:Group1) RETURN n

当"MATCH (n:Group1) RETURN n"返回 3 行记录时，使用"UNION"求并集后的查询结果为去冗后的 3 行记录。

（2）

MATCH (n:Group1) RETURN n

UNION ALL

MATCH (n:Group1) RETURN n

UNION ALL

MATCH (n:Group1) RETURN n

当"MATCH (n:Group1) RETURN n"返回 3 行记录时，使用"UNION ALL"求并集后的查询结果为全部的 9 行记录。

二、写（Write）语句

Cypher 的写语句包括"只写查询"和"读—写查询"两种结构，其中"|"表示或者。

只写查询结构：

(CREATE [UNIQUE] | MERGE)*

[SET|DELETE|REMOVE|FOREACH]*

[RETURN [ORDER BY] [SKIP] [LIMIT]]

创建或合并指定节点及关系。

读—写查询结构：

[MATCH WHERE]

[OPTIONAL MATCH WHERE]

[WITH [ORDER BY] [SKIP] [LIMIT]]

(CREATE [UNIQUE] | MERGE)*
[SET|DELETE|REMOVE|FOREACH]*
[RETURN [ORDER BY] [SKIP] [LIMIT]]

创建或合并符合筛选判断条件的节点及关系。

● CREATE

CREATE 子句用于创建节点及关系，其中字符串的单引号（''）和双引号（""）需要在 Neo4j 的 Web 浏览器环境、英文字符状态下进行输入。

例：

（1）CREATE (n {name:'David'})

创建 name 属性为 'David' 的节点 n。

（2）CREATE (n:Actor) SET n.Person='John'

创建标签（label）为 Actor 的节点，设置 Person 属性为 'John'。

（3）CREATE (n)-[r:KNOWS]->(m)

创建节点 n 和节点 m 以及 n 认识 m 的关系。

注：创建关系时必须是单向的，如"CREATE (n)<-[r:KNOWS]-(m)"可以新建节点 n 和节点 m 以及 m 认识 n 的关系，"CREATE (n)<-[r:KNOWS]->(m)"和"CREATE (n)-[r:KNOWS]-(m)"等 2 条 Cypher 语句均存在着语法错误。

● SET

SET n.property1 = $value1,

n.property2 = $value2

更新或创建一个属性。

例：

MATCH (n:Group1) SET n.nickname='Gift' RETURN n

创建标签为 Group1 的节点 nickname 属性，赋值为 'Gift'。

● MERGE

合并子句，在功能上类似于创建节点及关系的 CREATE 子句，当多次执行相同的 CREATE 子句创建重复的节点及关系时，MERGE 子句首先采用严格匹配模式进行节点及关系的查重——即使当且仅当待新建的节点和图数据库已有节点的标签、属性和关系分别两两相同时被视为相同节点，否则视为新节点，这样避免了冗余节点的创建；配合 RETURN 子句实现的功能是：如果已有相同节点只返回查询结果，否则创建相应节点及关系。

例：

MERGE (n:Actress {name: 'Kate'})

ON CREATE SET n.created = timestamp()

ON MATCH SET

n.counter = coalesce(n.counter, 0) + 1,

n.accessTime = timestamp()

RETURN n

执行这段代码 m（m>1）次，可以发现只创建了 1 个标签为 Actress、name 属性为 'Kate' 的节点；执行这段代码（m-1）次可用于设置 counter 和 accessTime 等 2 个属性值，其中 counter=m-1。

● REMOVE

删除节点的标签或者属性。

例：

（1）MATCH (n) REMOVE n:Actress

删除节点 n 的 Actress 标签。

（2）MATCH (n) REMOVE n.nickname

删除节点 n 的 nickname 属性。

● DELETE

删除节点及关系。

例：

（1）DELETE n, r

删除指定的节点和关系。

（2）MATCH (n)

DETACH DELETE n

删除图数据库中所有的节点及关系。

注：当图数据库中存在多个节点和关系时，执行"MATCH... DELETE..."时会报错，无法直接删除指定节点或全部节点。

● FOREACH

FOREACH 子句用于更新路径中的关系数据或列表中的元素数据。

例：

（1）FOREACH (r IN relationships(path) |SET r.marked = true)

（2）FOREACH (value IN coll |CREATE (:Person {name: value}))

● CALL

用于调用相关过程（Procedures）。

例：

（1）call db.labels() yield label

返回当前图数据库中的所有标签。

（2）call db.schema()

返回当前图数据库的模式，包括已创建的索引与约束。

（3）call db.relationshipTypes()

返回当前图数据库中的所有关系类型。

（4）CALL db.propertyKeys()

返回当前图数据库中所有属性名。

● Import

通过"LOAD CSV"子句导入 CSV 格式文件到图数据库中。

例：导入 CSV 文件来创建图数据库中的节点及关系。

Teachers.csv、Courses.csv、Relationships.csv 分别为教师、课程和课程信息文件，内容分别如下：

Teachers.csv

```
TeacherNo,TeacherName
1001,Mike
1002,John
1003,Kate
```

Courses.csv

```
CourseNo,CoursName
C001,Maths
C002,Computer
C003,English
```

Relationships.csv

```
TeacherNo,CourseNo,Relationship
1001,C001,Teaching1
1001,C002,Teaching2
1002,C002,Teaching3
1002,C003,Teaching4
1003,C001,Teaching5
1003,C003,Teaching6
```

编辑 Neo4j 的配置文件 neo4j.conf，取消该文件中"dbms.directories.import=import"所在行的注释，使该设置项生效，将 Teachers.csv、Courses.csv、Relationships.csv 3 个文件存放到 Neo4j 应用程序的"import"目录下。

（1）导入 Teachers.csv 文件中的数据，创建标签为 Teachers 的节点，执行 Cypher

语句：

LOAD CSV WITH HEADERS FROM "file:///Teachers.csv" AS line
CREATE (n:Teachers{TeacherNo:line.TeacherNo,TeacherName:line.TeacherName}) RETURN n

（2）导入 Courses.csv 文件中的数据，创建标签为 Courses 的节点，执行 Cypher 语句：

LOAD CSV WITH HEADERS FROM "file:///Courses.csv" AS line
CREATE (m:Courses{CourseNo:line.CourseNo,CourseName:line.CourseName}) RETURN m

（3）导入 Relationships.csv 文件中的数据，创建从 Teachers 节点到 Courses 节点之间的关系，执行 Cypher 语句：

LOAD CSV WITH HEADERS FROM "file:///Relationships.csv" AS line
MATCH (Source:Teachers{TeacherNo:line.TeacherNo}),(Target:Courses{CourseNo:line.CourseNo})
MERGE (Source)–[r:relationship{Detail:line.Relationship}]–>(Target)
　RETURN Source,r,Target

运行结果如图 3.24 所示，可以看出 3 个 CSV 文件的数据已成功导入，在 Neo4j 中创建了相应的 6 个节点及关系。

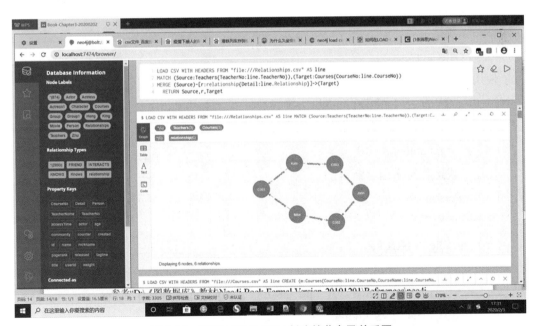

图 3.24　基于 LOAD CSV 创建的节点及关系图

三、通用（General）语句

● 运算符

通用运算符：DISTINCT，.，[]

数学运算符：+，-，*，/，%，^

比较运算符：=，<>，<，>，<=，>=，IS NULL，IS NOT NULL

布尔运算符：AND，OR，XOR，NOT

字符运算符：+

列表运算符：+，IN，[x]，[x .. y]

正则表达式：=~

字符匹配运算符：STARTS WITH，ENDS WITH，CONTAINS

● 空值（null）

空值用于表示错误或未定义的值；在 OPTIONAL MATCH 子句中，空值被用于模式下找不到的情形。

● 断言（Predicates）

断言用于设置查询 WHERE 子句部分的过滤判断，可以包含相关运算符。

例：

（1）n.property <> $value

使用比较运算符。

（2）exists(n.property)

使用存在判断函数。

（3）n.number >= 1 AND n.number <= 10

使用布尔运算符来组合断言。

（4）1 <= n.number <= 10

使用链式运算符来组合断言。

（5）n:Person

检查节点标签。

（6）variable IS NULL

检查变量是否为空值。

（7）n.property STARTS WITH 'Tim' OR n.property ENDS WITH 'n' OR n.property CONTAINS 'goodie'

使用字符进行匹配。

（8）n.property =~ 'Tim.*'

使用正则表达式进行匹配。

(9) (n)-[:KNOWS]->(m)

使用模式进行判断，当节点 n 指向节点 m 存在认识关系时满足断言判断条件。

(10) n.property IN [$value1, $value2]

使用列表运算符判断属性值是否在列表中。

● CASE 子句

CASE 子句根据条件判断得出返回值，"CASE...ELSE..."语句类似于 C 语言中的"IF...ELSE..."语句，其中"ELSE..."为可选的，缺少时将返回空值。

CASE n.eyes

WHEN 'blue' THEN 1

WHEN 'brown' THEN 2

ELSE 3

END

根据 WHEN 匹配的数值来确定返回 THEN 后面所示的值。

● 模式（Patterns）

Neo4j 图由节点和关系组成。Cypher 可以设置节点的标签（label）和属性（Property），也可以为关系设置类型（type）和属性。通过节点和关系的连接形成具体的模式。简单的模式可以连接形成较复杂的模式，用来反映现实中的应用场景。

例：

(1) (n:Person)

标签为 Person 的节点 n。

(2) (n:Person:Swedish)

同时有 Person 和 Swedish 两个标签的节点 n。

(3) (n:Person {name: $value})

标签为 Person 的节点 n 的 name 属性值为 $value。

(4) ()-[r {name: $value}]-()

匹配满足关系中 name 属性值为 $value 的关系。

(5) (n)-->(m)

从 n 到 m 存在关系。

(6) (n)--(m)

在 n 和 m 之间任意方向上存在关系。

(7) (n:Person)-->(m)

从标签为 Person 的节点 n 到 m 存在着关系。

(8) (m)<-[:KNOWS]-(n)

从 n 到 m 存在着"认识"的关系。

（9）(n)-[:KNOWS|:LOVES]->(m)

从 n 到 m 存在着"认识"或"爱"的关系。

（10）(n)-[r]->(m)

将关系绑定到变量 r。

（11）(n)-[*1..5]->(m)

从 n 到 m 存在 1 度到 5 度之间关系的可变长度路径。

（12）(n)-[*]->(m)

从 n 到 m 存在任意度关系的可变长度路径。

（13）(n)-[:KNOWS]->(m {property: $value})

从 n 认识 m 且满足指定属性值的一条关系。

（14）shortestPath((n1:Person)-[*..6]-(n2:Person))

从 n1 到 n2 的 1 度到 6 度人脉之间查找 1 条最短路径。

（15）allShortestPaths((n1:Person)-[*..6]->(n2:Person))

查找所有的最短路径。

（16）size((n)-->()-->())

对匹配模式的路径进行计数。

●标签（Labels）

用于设置节点的标识，便于在 Neo4j 中引用和查询。

例：

（1）CREATE (n:Person {name: $value})

创建一个带有标签和属性的节点。

（2）MERGE (n:Person {name: $value})

匹配或创建有指定标签和属性的不同节点。

（3）SET n:Spouse:Parent:Employee

在节点 n 上增加 Spouse、Parent、Employee 等标签。

（4）MATCH (n:Person)

匹配标签为 Person 的节点。

（5）MATCH (n:Person) WHERE n.name = $value

匹配标签为 Person 且满足指定姓名的节点。

（6）WHERE (n:Person)

检查节点是否存在 Person 标签。

（7）labels(n)

节点的标签。

（8）REMOVE n:Person

删除节点的标签。

● 映射（Maps）

属于复合类型数据之一，用于从节点、关系和其他 Map 对象中映射获取相关元素或属性的值。

例：

（1）WITH {person: {name: 'Anne', age: 25}} AS p

RETURN p.person.name

获取嵌套映射的属性。

（2）MATCH (matchedNode:Person)

RETURN matchedNode

作为数据的映射，返回节点及关系。

● 列表（Lists）

属于复合类型数据之一，是有序的值的集合。

例：

（1）['a', 'b', 'c'] AS list

用方括号来声明文本列表。

（2）size($list) AS len, $list[0] AS value

列表可作为参数进行传递。

（3）range($firstNum, $lastNum, $step) AS list

range() 函数创建从 $firstNum 到 $lastNum、$step 为步长（可选参数）的数字列表，labels()、nodes()、relationships()、filter()、extract() 等其他函数的返回值也是列表。

● 列表断言

例：

（1）all(x IN coll WHERE exists(x.property))

判断是否存在属性的断言适用于列表中的所有元素。

（2）any(x IN coll WHERE exists(x.property))

判断是否存在属性的断言至少适用于列表中的一个元素。

（3）none(x IN coll WHERE exists(x.property))

如果存在属性的断言不适用于列表中的任何元素，则返回 true。

（4）single(x IN coll WHERE exists(x.property))

如果断言只适用于列表中的一个元素，则返回 true。

●列表表达式

例：

（1）size($list)

列表中的元素个数。

（2）reverse($list)

反转列表中元素的排列次序。

（3）head($list), last($list), tail($list)

head()、last() 分别返回列表中的第一个和最后一个元素。

tail() 返回除第一个元素之后的所有元素。

当列表为空时，返回 null 值。

四、函数（Function）语句

在 Neo4j web 浏览器编辑框内输入"return 函数语句"可获取函数的返回值。

●一般函数

例：

（1）coalesce(n.property, $defaultValue)

返回第一个非空值。

（2）timestamp()

Milliseconds since midnight, January 1, 1970 UTC.

在通用协调时下自 1970 年 1 月 1 日午夜到现在的时间差（以毫秒计算）。

（3）id(nodeOrRelationship)

节点或关系的内部编号。

（4）toInteger($expr)

将给定的输入转换为整数；如果解析失败，将返回空值。

（5）toFloat($expr)

将给定的输入转换为浮点数；如果解析失败，将返回空值。

（6）toBoolean($expr)

将给定的输入转换为布尔变量；如果解析失败，将返回空值。

（7）keys($expr)

返回表示节点、关系或映射的属性名的字符列表。

（8）properties({expr})

返回包含一个节点或关系所有属性的映射。

● 时间函数

例：

（1）date("2018-08-08")

返回从字符串中解析的日期。

（2）localtime("12:45:30.25")

返回没有时区的时间。

（3）time("12:45:30.25+08:00")

返回指定时区的时间。

（4）localdatetime("2018-04-05T12:34:00")

返回没有时区的日期时间。

（5）datetime("2019-09-09T10:08:00[Asia/Shanghai]")

返回指定时区的日期时间。

（6）datetime({epochMillis: 3600000})

输入 "return datetime({epochMillis: 3600000})" 返回信息为：
"1970-01-01T01:00:00Z"

表示待查询的时间点是自 1970 年 1 月 1 日午夜开始计时后的 1 个小时。

（7）date({year: {year}, month: {month}, day: {day}})

返回指定年月日的日期。

（8）datetime({date: {date}, time: {time}})

返回通过组合指定的日期和时间生成日期时间。

● 数学函数

（1）abs($expr)

返回绝对值。

（2）rand()

返回 [0,1) 之间的随机数，每次调用时返回新值。

（3）round($expr)

返回四舍五入后的整数。

（4）ceil($expr)

返回大于或者等于指定表达式的最小整数。

（5）floor($expr)

返回小于或者等于指定表达式的最大整数。

（6）sqrt($expr)

返回平方根。

（7）sign($expr)

符号函数，返回表达式值的符号：值为0时返回0，值为正时返回1，值为负时返回–1。

（8）sin($expr)

正弦函数；其他的三角函数还包括 cos()、tan()、cot()、asin()、acos()、atan()、atan2() 和 haversin()；在没有指定的情况下，三角函数的角度参数以弧度为单位。

（9）degrees($expr)

返回指定弧度的角度值：

输入"return degrees(3.14159265)"，查看返回值为 179.99999979432。

（10）radians($expr)

返回指定角度的弧度值：

输入"return radians(360)"，查看返回值为 6.283185307179586。

（11）pi()

返回圆周率 π：

输入"return pi()"，查看返回值为 3.141592653589793。

（12）log10($expr)

返回以 10 为底的对数：

输入"return log10(1000000)"，查看返回值为 6.0。

（13）e()

返回无理数 e：

输入"return e()"，查看返回值为 2.718281828459045。

（14）log($expr)

返回自然对数：

输入"return log(e()*e()*e())"，查看返回值为 3.0。

（15）exp($expr),

返回以 e 为底的幂指数：

输入"return exp(2)"，查看返回值为 7.38905609893065。

●空间函数

（1）point({x: $x, y: $y})

返回二维笛卡尔坐标系中的一个点。

（2）point({latitude: $y, longitude: $x})

返回二维地理坐标系中指定经度和纬度的一个点，经纬度坐标单位为十进制数的角度。

输入"return point({latitude: 38, longitude: 100})"，查看返回值为 point({srid:4326, x:100, y:38})。

（3）point({x: $x, y: $y, z: $z})

返回三维笛卡尔坐标系中的一个点。

（4）point({latitude: $y, longitude: $x, height: $z})

返回三维地理坐标系中指定经度、纬度和高度的一个点，其中经纬度坐标单位为十进制数的角度，高度单位为米：

输入"return point({latitude: 33, longitude: 66, height: 1000})"，查看返回值为 point({srid:4979, x:66, y:33, z:1000})。

（5）distance(point({x: $x1, y: $y1}), point({x: $x2, y: $y2}))

返回表示两个点之间直线距离的浮点数，距离的单位和点坐标的单位一致。distance() 函数均适用于二维和三维笛卡尔坐标系点之间的距离计算。

输入"return distance(point({x:1,y:2}),point({x:3,y:4}))"，查看返回值为 2.8284271247461903。

输入"return distance(point({x:1,y:2,z:3}),point({x:4,y:5,z:6}))"，查看返回值为 5.196152422706632。

（6）distance(point({latitude: $y1, longitude: $x1}),point({latitude: $y2, longitude: $x2}))

返回两点之间的地理距离，单位为米。distance() 函数同样适用于三维地理坐标点的计算。

输入"return distance(point({latitude: 90, longitude: 38}),point({latitude: 60, longitude: 20}))"，查看返回值为 3339586.294594534。

输入"return distance(point({latitude: 90, longitude: 38, height: 1000}),point({latitude: 60, longitude: 20, height: 2000}))"，查看返回值为 3340371.8424418694。

●时延函数

计算两个时间点之间的时延。

例：

（1）duration("P1Y2M3DT4H5M28.88S")

返回 1 年 2 月 3 天 4 时 5 分和 28.88 秒的时延。

输入 return duration("P1Y2M3DT4H5M28.88S")，查看返回值为 "P14M3DT14728.880000000S"；其中"P14M3D"部分和输入的没有变化，"T14728.880000000S"部分是将 4 时 5 分和 28.88 秒转换为秒的具体数值。

（2）duration.between($date1,$date2)

返回两个时间实例之间的时延。

（3）WITH duration("P1Y6M10DT20H8M") AS d RETURN d.years, d.months, d.days, d.hours, d.minutes

将指定时延的格式转换为年、月、日、时、分、秒。.

输入 WITH duration("P1Y6M10DT20H8M") AS d RETURN d.years, d.months, d.days, d.hours, d.minutes，查看返回值 d.years、d.months、d.days、d.hours、d.minutes 分别为 1、18、10、20、1208。

（4）WITH duration("P1Y5M20DT3H6M") AS d
RETURN d.years, d.monthsOfYear, d.days, d.hours,
d.minutesOfHour

将指定时延的格式转换为年、月、日、时、分，其中年月部分不将年转换到月来统计，时分部分将时转换到分来统计。

输入 WITH duration("P1Y5M20DT3H6M") AS d RETURN d.years, d.monthsOfYear, d.days, d.hours, d.minutesOfHour，查看返回值 d.years、d.monthsOfYear、d.days、d.hours、d.minutesOfHour 分别为 1、5、20、3、6。

（5）date("2018-01-01") + duration("P1Y1M1D")

返回从 2018 年 1 月 1 日起经过 1 年 1 月 1 日的日期。

输入 return date("2018-01-01") + duration("P1Y1M1D")，查看返回值为 "2019-02-02"。

（6）duration("PT50S") * 24

计算此乘法表达式，返回以秒为单位的时延。

输入 return duration("PT50S") * 24，查看返回值为 "P0M0DT1200S"。

（7）duration("PT86400S") / 24

计算此乘法表达式，返回以秒为单位的时延。

输入 return duration("PT86400S") / 24，查看返回值为 "P0M0DT3600S"。

● 字符函数

例：

（1）toString($expression)

将表达式转换为字符串。

（2）replace($original, $search, $replacement)

将字符串中所有指定字符进行替换。

输入 return replace("12345612", "12", "OT")，查看返回值为 "OT3456OT"。

（3）substring($original, $begin, $subLength)

Get part of a string. The subLength argument is optional.

返回字符串的子串，"subLength " 参数是可选的。

输入 return substring("abcdefg", 3)

返回 "defg"。

输入 return substring("abcdefg", 3, 2)

返回 "de"。

（4）left($original, $subLength), right($original, $subLength)

分别返回字符的前面部分和后面部分。

（5）trim($original), lTrim($original),rTrim($original)

针对字符串，分别去掉所有空格、左边的空格和右边的空格。

（6）toUpper($original), toLower($original)

设置字符串的大写和小写格式。

（7）split($original, $delimiter)

将字符串按分隔符拆分为字符列表。

输入 return split("a*b*c*d*e*f*g","*")，查看返回值为 ["a", "b", "c", "d", "e", "f", "g"]。

（8）reverse($original)

将整个字符串倒序排列。

（9）size($string)

计算字符串的字符数。

● 聚合函数

（1）count(*)

返回匹配的行数。

（2）count(variable)

返回非空值变量的个数。

（3）count(DISTINCT variable)

DISTINCT 用以去掉重复的数据，返回相异变量的个数。

（3）collect(n.property)

Collect 将 n.property 的所有值（忽略空值）汇聚到一个集合列表中。

（4）sum(n.property)

返回求和结果，类似的函数有计算平均值函数 avg()、求最小值函数 min()、求最大值函数。

（5）percentileDisc(n.property, $percentile)

根据给定百分比参数（取值范围为 0.0~1.0），采用四舍五入方法返回数据集中最接近于累计分布值对应的数据。

为了分析这个函数的用法，先创建 4 个节点，设置 Age 分别为 36、25、50、45。

CREATE (n:Ren {name: "Alice",Age:36})

CREATE (n:Ren {name: "Bob",Age:25})

CREATE (n:Ren {name: "Charlie",Age:50})

CREATE (n:Ren {name: "David",Age:45})

输入：

MATCH (n:Ren)
RETURN percentileDisc(n.Age, 0.4)

查看返回值：

36

说明：n.Age 共有 4 行数据——36、25、50、45，按数值大小升序排列后为 25、36、45、50；其累计分布值为 0.25、0.5、0.75、1.0；由于 0.4 四舍五入后最接近累计分布值 0.5，因此返回的是新排序后的第 2 个值即 36。

（6）percentileCont(n.property, $percentile)

输入：

MATCH (n:Ren) RETURN percentileCont(n.Age, 0.6)

查看返回值：

43.2

说明：

此函数类似于 Oracle 的 percentile_cont() 函数[4]。

求出给定百分比参数（取值范围为 0.0~1.0）的参照值，将该数值作为中间插值在相邻两个值之间计算加权平均值。

设样本数为 n，按数值大小数据集 $V\text{set}=\{V_i\}$，其中 $i \in [1, n] \wedge i \in N$，则样本 V_i 的分布值 $= (i-1)/(n-1)$，P 为给定百分比参数；则采用线性插值来计算加权平均值 Val_{cont} 的式 3.2 如下：

$$\begin{aligned} R_n &= 1 + P \times (n-1) \\ CR_n &= \lceil R_n \rceil, FR_n = \lfloor R_n \rfloor \\ Val_{cont} &= \begin{cases} R_n & if\ CR_n = FR_n = R_n \\ (CR_n - R_n) \times V_{FR_n} + (R_n - FR_n) \times V_{CR_n} \end{cases} \end{aligned}$$ 式 3.2

在本示例中沿用（5）的数据，取 n.Age 排序后的 4 行数据——25、36、45、50，其累计分布值分别为 0、1/3、2/3、1.0；$P=0.6$，根据式 3.2 计算可得：

$R_n=1+0.6 \times (4-1)=2.8$，$CR_n=3$，$FR_n=2$，$Val_{count}=(3-2.8) \times 36+(2.8-2) \times 45=43.2$。

（7）stDev(n.property)

返回部分样本的标准差。

（8）stDevP()

返回全部样本的标准差。

● 路径函数

例：

（1）length(path)

返回路径中的关系数。

（2）nodes(path)

返回列表格式的节点。

（3）relationships(path)

返回列表格式的路径中的关系。

（4）extract(x IN nodes(path) | x.prop)

返回从路径中节点提取的属性。

●关系函数

（1）type(a_relationship)

返回关系类型的字符表示。

（2）startNode(a_relationship)

返回关系的开始节点。

（3）endNode(a_relationship)

返回关系的结束节点。

（4）id(a_relationship)

返回关系的内部编号。

执行 Cypher 语句：

MATCH path = (x)<-[r:KNOWS]->(y) RETURN type(r),startNode(r),endNode(r),id(r)

运行结果如图 3.25 所示。

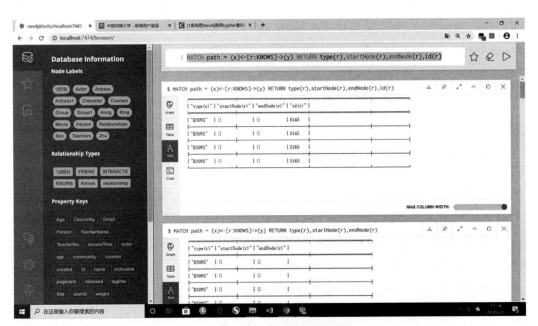

图 3.25　调用关系函数结果示例

五、模式（Schema）语句

1. 索引

CREATE INDEX ON :Person(name)

创建节点的标签和属性名索引。

MATCH (n:Person)

USING INDEX n:Person(name)

WHERE n.name = $value

使用索引进行查询，匹配标签为 Person 且名字为指定值的节点。

DROP INDEX ON :Person(name)

删除节点的标签和属性名索引。

2. 约束

用于保证图数据库中数据的完整性。

例：

（1）CREATE CONSTRAINT ON (p:Courses)

ASSERT p.CourseNo IS UNIQUE

在标签为 Courses 的节点创建 CourseNo 属性的唯一性约束。

（2）DROP CONSTRAINT ON (p:Courses)

ASSERT p.CourseNo IS UNIQUE

删除标签为 Courses 的节点中 CourseNo 属性的唯一性约束。

（3）CREATE CONSTRAINT ON (p:Group)

ASSERT exists(p.name)

在标签为 Group 的节点创建 name 属性的存在性约束。

（4）DROP CONSTRAINT ON (p:Person)

ASSERT exists(p.name)

删除标签为 Group 的节点中 name 属性的存在性约束。

（5）CREATE CONSTRAINT ON ()–[act:ACTED]–() ASSERT exists(act.StartTime)

创建关系 act 中 ACTED 类型和 StartTime 属性的存在性约束。

（6）DROP CONSTRAINT ON ()–[act:ACTED]–() ASSERT exists(act.StartTime)

删除关系 act 中 ACTED 类型和 StartTime 属性的存在性约束。

（7）CREATE CONSTRAINT ON (p:Actors)

ASSERT (p.fullname, p.gender) IS NODE KEY

创建标签为 Actors 的节点中 fullname 属性和 gender 属性必须存在且属性组合是唯一的"节点键约束"。

（8）DROP CONSTRAINT ON (p:Actors)

ASSERT (p.fullname, p.gender) IS NODE KEY

删除标签为 Actors 的节点中 fullname 属性和 gender 属性必须存在且属性组合是唯一的"节点键约束"。

六、性能（Performance）语句

提高 Neo4j 的查询效率的方法有：

1. 尽量使用参数而不是常量，这样能提高 Cypher 语句的复用率；
2. 通过"LIMIT count"设置查询返回的上限；
3. 仅返回查询所需要的结果，而不是所有的节点及关系；
4. 运行 PROFILE、EXPLAIN 来分析查询的性能。

例：

输入：

PROFILE MATCH (n:Relationships) RETURN n LIMIT 25

显式方式运行查询语句并跟踪运算符的执行详细信息，PROFILE 执行并分析查询的详情如图 3.26 所示。

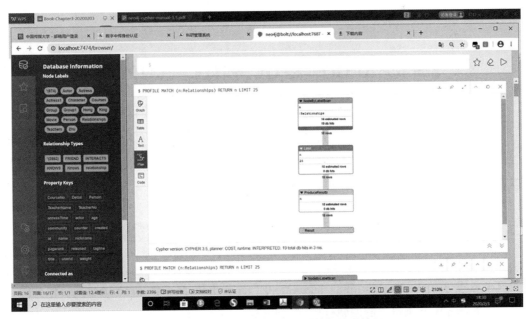

图 3.26 PROFILE 执行并分析查询的详情图

输入：

EXPLAIN MATCH (n:Relationships) RETURN n LIMIT 25

提供查询计划的查看，该语句返回空结果而不改变数据库；EXPLAIN 解释查询的详情如图 3.27 所示。

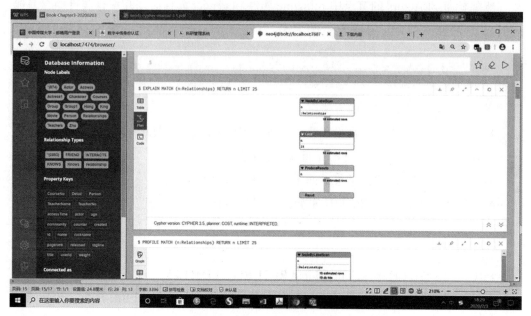

图 3.27　EXPLAIN 解释查询的详情图

第四节　ALGO、APOC 等算法工具包的调用

调用 ALGO、APOC (Awesome Procedures of Cypher) 等工具包能方便我们编写 Cypher 语句以提高查询的效率。通过查看 Neo4j 应用程序下的"plugins"子目录，可以看到这些工具的 jar 包，如图 3.28 所示。

一、ALGO 算法工具包的调用

ALGO 是 Neo4j 使用 Java 语言开发集成和封装、部署在 Neo4j 服务器端的算法库。如图 3.28 所示，graph-algorithms-algo-3.5.0.1.jar 是提供 ALGO 算法函数的 jar 包文件。

在 Neo4j Web 浏览器的编辑框中输入并执行：

return algo.version()

返回结果如图 3.29 所示，同样可以看到 algo 的版本为 "3.5.8"。

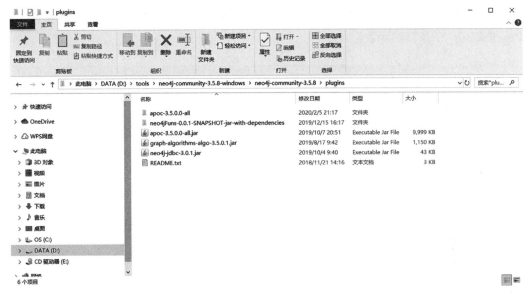

图 3.28　Neo4j 应用程序下 "plugins" 子目录的 jar 包

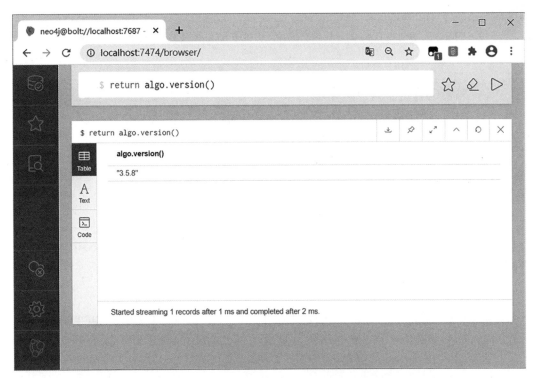

图 3.29　Neo4j Web 浏览器编辑框输入方式查询 algo 版本号的运行结果图

在 Neo4j Web 浏览器的编辑框中输入并执行：

call algo.list()

返回结果如图 3.30 所示，同样可以看到 algo 算法包中包含了 Shortest Path、PageRank 等 71 条算法函数记录。

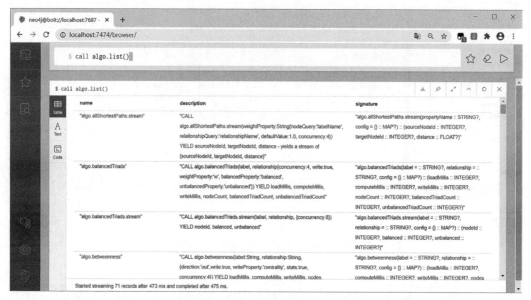

图 3.30　Neo4j Web 浏览器编辑框输入方式查询 algo 算法列表的运行结果图

二、APOC 算法工具包的调用

APOC 是 Neo4j 基于有关 API 和开发框架、使用 Java 语言开发部署在 Neo4j 服务器端的扩展过程和函数库。如图 3.28 所示，apoc-3.5.0.0-all.jar 是提供 APOC 过程和函数的 jar 包文件。在 Cypher 中可以调用相关的过程和函数，类似于关系型数据库系统中 SQL 语句的存储过程。

1. 查看 APOC 的版本信息

由于 Cypher 支持多种方式，在此分别给出 Cypher-shell 命令行和 Neo4j Web 浏览器编辑框等两种输入方式。

（1）Cypher-shell 命令行输入方式

在 Windows 10 操作系统下以管理员身份运行 "D:\tools\neo4j-community-3.5.8-windows\neo4j-community-3.5.8\bin" 目录里下的 "cypher-shell.bat" 批处理文件，以 neo4j 账号登录进入命令行提示符后，输入 "return apoc.version();"，在如图 3.31 所示的窗口中可以查看到 apoc 的版本为 "3.5.0.0"。

（2）Neo4j Web 浏览器编辑框输入方式

在 Neo4j Web 浏览器的编辑框中输入并执行：

return apoc.version()

返回结果如图 3.32 所示，同样可以看到 apoc 的版本为 "3.5.0.0"。

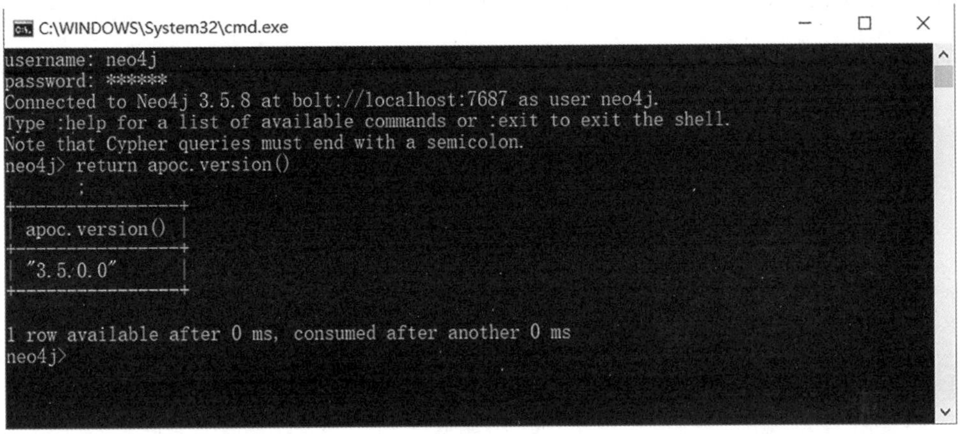

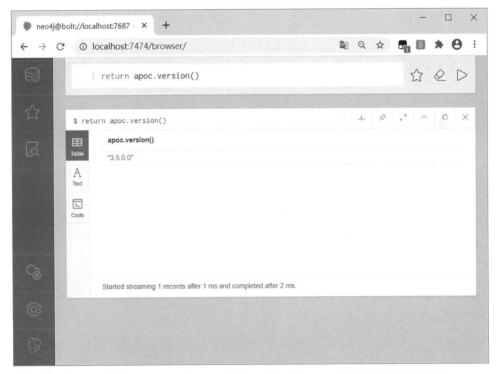

图 3.31　Cypher-shell 批处理文件查询 apoc 版本号的运行结果图

图 3.32　Neo4j Web 浏览器编辑框输入方式查询 apoc 版本号的运行结果图

2. 调用 APOC 的示例

如前所述，APOC 类似于 SQL 的存储过程，支持相关过程和函数，方便用户进行数据管理和查询。本示例通过调用 APOC 导入 JSON 数据到 Neo4j。

使用 arrows-gh-pages 绘图页面工具进行绘制，使用 Google Chrome 浏览器打开

"D:\《图数据库》教材 \Neo4j Book Formal Version-20191201\Arrow-20200210\arrows-gh-pages/index.html#"页面，绘制如图 3.33 的人物关系图。

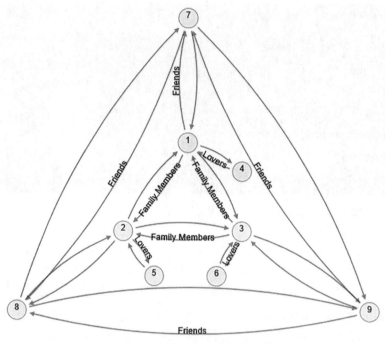

图 3.33　人物关系示意图

在图 3.33 中，圆形节点表示人物，有向边表示人物之间的关系，关系包括亲情、友情和爱情等 3 种类型，关系名称分别为 Family Members（家庭成员）、Lovers（爱人）和 Friends（朋友），人物分别用 1~9 的数字编号表示。

本示例将包含人物节点及关系的 JSON 数据通过 APOC 工具包导入到 Neo4j。

编写 RelationShips.json 文件，内容如下：

```
[
  { "ID":1, "FamilyMembers":[2,3], "Lovers":[4],"Friends":[7] },
  { "ID":2, "FamilyMembers":[1,3], "Lovers":[5],"Friends":[8] },
  { "ID":3, "FamilyMembers":[1,2], "Lovers":[6],"Friends":[9] },
  { "ID":4, "Lovers":[1] },
  { "ID":5, "Lovers":[2] },
  { "ID":6, "Lovers":[3] },
  { "ID":7, "Friends":[1,8,9] },
  { "ID":8, "Friends":[2,7,9] },
  { "ID":9, "Friends":[3,7,8] }
]
```

启动 Windows 10 的 IIS 服务，将 RelationShips.json 拷贝到 C:\inetpub\wwwroot 目录下，在 Chrome 浏览器地址栏输入 http://127.0.0.1/RelationShips.json，可以看到如图 3.34 所示的文件内容。

```
[
    { "ID":1, "FamilyMembers":[2,3], "Lovers":[4],"Friends":[7] },
    { "ID":2, "FamilyMembers":[1,3], "Lovers":[5],"Friends":[8] },
    { "ID":3, "FamilyMembers":[1,2], "Lovers":[6],"Friends":[9] },
    { "ID":4, "Lovers":[1] },
    { "ID":5, "Lovers":[2] },
    { "ID":6, "Lovers":[3] },
    { "ID":7, "Friends":[1,8,9] },
    { "ID":8, "Friends":[2,7,9] },
    { "ID":9, "Friends":[3,7,8] }
]
```

图 3.34 通过本地 IIS 服务器 URL 访问的 JSON 文件

在 Neo4j Web 浏览器的编辑框输入如下 Cypher 语句将节点和关系数据导入到 Neo4j：

```
// YIELD 实现每次导入 JSON 中的一组数据，即 `[...]` 中的每一个 `{}`
CALL apoc.load.json("http://127.0.0.1/RelationShips.json") YIELD value as RelationShipsData
// 创建 RelationShips 节点
MERGE (n:RelationShips{ID:RelationShipsData.ID})
SET n.FamilyMembers=RelationShipsData.FamilyMembers,
n.Lovers=RelationShipsData.Lovers,
n.Friends=RelationShipsData.Friends

// 对 n 的 FamilyMembers 集合转变为列数据，创建名称为 FamilyMembers 的关系
MATCH (n:RelationShips)
UNWIND n.FamilyMembers as FM
// 根据 ID 搜索 RelationShips 节点
MATCH (m:RelationShips{ID:FM})
// 通过 ID 建立关系
MERGE (n)-[:FamilyMembers]-(m)

// 同理，创建名称为 Lovers 的关系
MATCH (n:RelationShips)
UNWIND n.Lovers as LV
// 根据 ID 搜索 RelationShips 节点
```

```
MATCH (q:RelationShips{ID:LV})
// 建立名称为 Lovers 关系
MERGE (n)–[:Lovers]–(q)

// 同理，创建 Friends 关系
MATCH (n:RelationShips)
UNWIND n.Friends as FD
// 根据 ID 搜索 RelationShips 节点
MATCH (s:RelationShips{ID:FD})
// 建立名称为 Lovers 关系
MERGE (n)–[:Friends]–(s)
```

然后在编辑框中输入如下 Cypher 语句查询 Neo4j 的数据导入情况，查询结果如图 3.35 所示。

```
MATCH x=()–[r:FamilyMembers]–()
Match y=()–[:Lovers]–()
Match z=()–[:Friends]–()
Return x,y,z
```

从图 3.35 可以看出，查询 Neo4j 返回包含亲情、友情和爱情等 3 种类型的人物节点及关系与图 3.33 所示的人物关系一致。

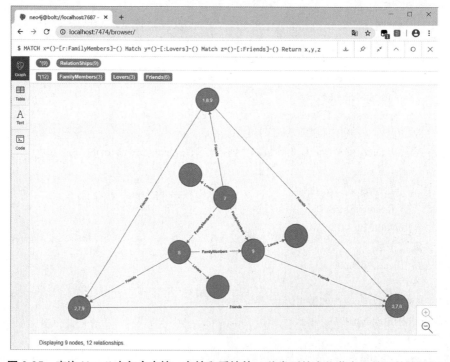

图 3.35　查询 Neo4j 中包含亲情、友情和爱情等 3 种类型的人物节点及关系的结果图

第五节 自定义函数的编写与调用

用户可以在 Java 中编写自定义函数,将生成的 jar 包存放到"plugins"子目录即可在 Neo4j Web 浏览器的命令行输入框进行调用。

编写自定义函数示例:

在 Eclipse Ver4.6.2 for Windows 64 版(即 Eclipse-jee-neon-2-win32-x86_64.exe)开发环境下编写 Join.java 源文件 Join.java,关于自定义函数的代码如下:

```
import java.util.List;
import org.neo4j.procedure.Name;
import org.neo4j.procedure.Description;
import org.neo4j.procedure.UserFunction;
public class Join
{
        @UserFunction
        @Description("example.join(['s1','s2',...],delimiter) – join the given strings with the given delimiter.")   // 函数功能描述
        public String join(
                    @Name("strings")List<String> strings,
                    @Name(value = "delimiter",defaultValue = ",") String delimiter) {
              if (strings == null || delimiter == null) {
                    return null;
              }
              return String.join(delimiter, strings);
        }
}
```

然后导出为 neo4jFuns-0.0.1-SNAPSHOT-jar-with-dependencies.jar 包,将该文件拷贝到 neo4j 的"plugins"子目录下,在 CMD 命令行窗口执行"neo4j restart"重启 neo4j,即可调用该函数。

函数名:example.join

功能描述:利用给定的元素和分隔符,实现字符串的拼接。

函数原型:example.join(strings , delimiter)

参数说明:参数 strings 指定需要进行拼接的元素,是一个字符串列表(List<String> strings),例如 ['hello', 'world', '2']。

参数 delimiter 指定分隔符,可以为单个字符或字符串,例如 '-', 'aaa',默认为 ','。

用例 1:example.join(['a', 'bbb', 'ccc'] , '--'); 返回值"a--bbb--ccc"。

用例 2：example.join(['1', '2', '33'])；返回值"1,2,33"。

运行"CALL dbms.functions();"，可看到如图 3.36 所示的函数信息。

运行"WITH [hello] as RETURN example.join(value)"，可看到如图 3.37 所示合并后的字符串："hello,CUC,happy"。

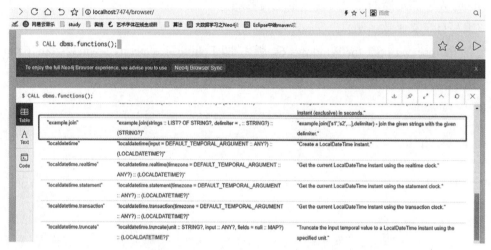

图 3.36　调用 dbms.functions() 查看自定义函数信息

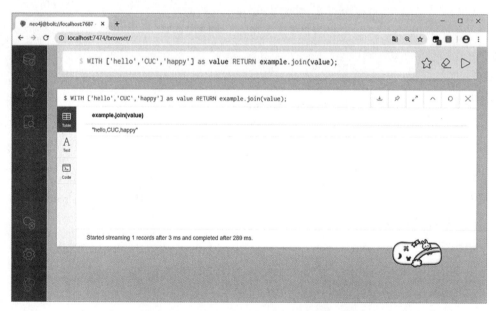

图 3.37　调用自定义函数 example.join() 实现字符串合并效果

本章结合图模型中的节点和关系通过同步的示例，依次介绍了 Neo4j 中使用 Cypher 命令实现增、删、改、查等操作的方法，同时对照 Cypher v3.5 的手册卡片对 Cypher 命令进行了分类讲解，进一步介绍了 ALGO、APOC 工具包的调用方法和自定义函数的方法。

本章参考文献

［1］张帜.Neo4j权威指南［M］.北京：清华大学出版社.2017.

［2］https://plantuml.com/zh/ascii-art.

［3］https://www.jianshu.com/p/e427f989504d.

［4］Oracle分析函数总结 - 数值分布 - cume_dist,percent_rank,ntile,percentile_disc,percentile_cont,ratio_to_report，https://www.linuxidc.com/Linux/2012-08/67673p2.htm.

第四章 开发 Neo4j 应用系统的常用技术栈及示例

本章首先介绍开发 Neo4j 应用的技术栈，然后分别给出 Java API "嵌入式"和 JavaScript、Python "驱动包式"访问 Neo4j 数据库的示例，进一步以影视剧人物及关系为例，给出了几种典型 JS（JavaScript）库的可视化方案，最后展示了基于 JavaScript 和 D3.js 的 Neo4j 数据可视化网页应用开发及示例。

第一节 开发 Neo4j 应用系统的常用技术栈

一、总体开发架构

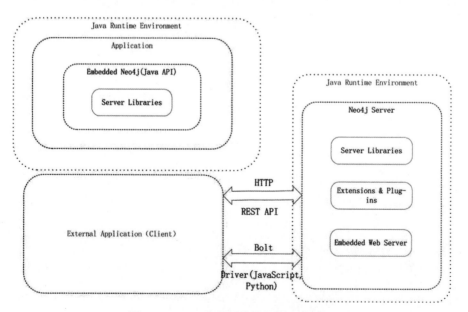

图 4.1 Neo4j 应用系统的总体开发架构

Neo4j 作为 JVM（Java Virtual Machine，Java 虚拟机）的产品，支持"嵌入式"和"服务器"两种模式。为此，构建 Neo4j 应用系统在开发技术选型时需要考虑到与这两种模式的兼容性。Neo4j 应用系统的总体开发架构如图 4.1 所示。

在该总体开发架构中，左上角的虚线框表示的是采用 Java API "嵌入式"模式来搭建 Neo4j 应用系统，由于 Neo4j 是基于 Java 语言开发的产品，因此这种"原生态"的开发模式与 Neo4j 具有良好的兼容性，应用系统具有较好的可扩展性和较高的执行效率；如该图的左下方和右半部分所示，外部应用程序作为 Client（客户端）与 Neo4j Server（服务器端）之间采用 Http 协议或 Bolt 协议进行交互：（1）当使用 Http 协议时，外部应用程序发送查询请求，Neo4j 基于 REST API 进行响应，返回外部应用程序所需的 JSON 数据；（2）当使用 Bolt 协议时，外部应用程序通过 JavaScript、Python 等各种语言的驱动包来进行 Neo4j 数据库的访问。

二、常用技术栈

开发关系型数据库应用系统一般采用 WAMP（Windows+Apache+MySQL+PHP）或 LAMP（Linux+Apache+MySQL+PHP）技术栈，即针对 Windows 平台和 Linux 平台在 MySQL 数据库系统的数据支撑下，前端采用 PHP 动态网页，后端采用 Apache 组件搭建的 Web 服务器来开发相关的应用。类似地，开发 Neo4j 应用系统的常用技术栈如表 4.1 所示。

表 4.1 Neo4j 应用系统的常用技术栈

技术栈 开发模式	前端		后端	
	静态网页/框架	可视化库	Web 服务器	连接 Neo4j 方式
"驱动包"模式	HTML, CSS, JavaScript, jQuery.js, Bootstrap	D3.js, ECharts.js, Vis.js, Springy.js	Flask, Django	Py2neo 组件等驱动
"嵌入式"模式			Eclipse 等（Java）	JDBC、Java API

如表 4.1 所示，当开发选择"驱动包"模式时，前端一般采用"HTML 页面 +CSS 样式 +JavaScript 库"技术展现静态网页，采用 D3.js、ECharts.js、Vis.js、Springy.js 等 JavaScript 库实现可视化；后端采用 Flask、Django 等 Python 的轻量级框架，采用 Py2neo 组件等驱动包与 Neo4j 进行连接，实现对图数据库的增删改查等操作；当开发选择"嵌入式"模式时，前端采用的技术与"驱动包"模式相同，后端采用 Eclipse 等 Java 开发环境，采用 JDBC、Java API 实现对图数据库的访问和操作。

第二节 Neo4j 的 REST API 简介

如前所述，应用程序和 Neo4j 数据库采用 HTTP 协议进行交互时，Neo4j 采用 REST API 方式响应用户发出的查询请求。在此，给出基于 Postman 工具[1]对 Neo4j REST API[2]的测试示例，实现对 Neo4j 图数据库的增、删、改、查。

为了避免返回认证失败的错误，选择"Authorization"标签页，同时 TYPE 选择"Basic Auth"，在该页面的"Username"和"Password"右侧的编辑框中输入 neo4j 和 123456，如图 4.2 所示。

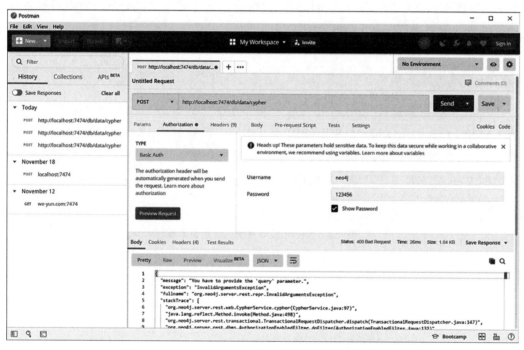

图 4.2 Postman 工具中设置"Authorization"标签页

在 Headers 部分设置 KEY 为 Content-Type，对应的 Value 为 application/json。这样可以将 JSON 数据通过 POST 方法发出，如图 4.3 所示。

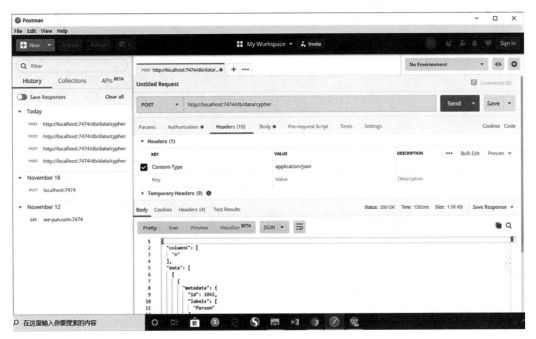

图 4.3　Postman 工具中设置 Headers 部分参数

一、创建具有一个标签和多个属性的节点

在"Body"标签页，点击下方的"Raw"子选项，输入如下的 JSON 代码：

{
"query" : "CREATE (n:Person { props }) RETURN n",
　"params" : {
　　"props" : {
　　　"position" : "Developer",
　　　"name" : "Michael",
　　　"awesome" : true,
　　　"children" : 3
　　　}
　　}
　}

点击"Send"按钮，即完成参数和 JSON 数据的提交。

返回的信息如下：

{
"columns": [

```
  "n"
 ],
 "data": [
  [
   {
    "metadata": {
     "id": 1042,
     "labels": [
      "Person"
     ]
    },
    "data": {
     "awesome": true,
     "children": 3,
     "name": "Michael",
     "position": "Developer"
    },
     "paged_traverse": "http://localhost:7474/db/data/node/1042/paged/traverse/{returnType}{?pageSize,leaseTime}",
    "outgoing_relationships": "http://localhost:7474/db/data/node/1042/relationships/out",
     "outgoing_typed_relationships": "http://localhost:7474/db/data/node/1042/relationships/out/{-list|&|types}",
    "create_relationship": "http://localhost:7474/db/data/node/1042/relationships",
    "labels": "http://localhost:7474/db/data/node/1042/labels",
    "traverse": "http://localhost:7474/db/data/node/1042/traverse/{returnType}",
    "extensions": {},
    "all_relationships": "http://localhost:7474/db/data/node/1042/relationships/all",
    "all_typed_relationships": "http://localhost:7474/db/data/node/1042/relationships/all/{-list|&|types}",
    "property": "http://localhost:7474/db/data/node/1042/properties/{key}»,
    "self": "http://localhost:7474/db/data/node/1042",
    "incoming_relationships": "http://localhost:7474/db/data/node/1042/relationships/in",
    "properties": "http://localhost:7474/db/data/node/1042/properties",
     "incoming_typed_relationships": "http://localhost:7474/db/data/node/1042/relationships/in/{-list|&|types}"
   }
  ]
 ]
}
```

在 Neo4j Web 浏览器的编辑输入框输入 MATCH (n:Person) WHERE n.name="Michael" RETURN n 语句并执行，查询结果如图 4.4 所示。

第四章　开发 Neo4j 应用系统的常用技术栈及示例　111

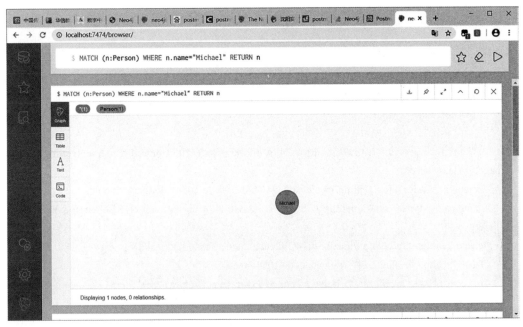

图 4.4　验证 Postman 通过 Post 方法创建标签为 Person 的节点

二、查询节点数据

然后在"Body"标签页，点击下方的"Raw"子选项，输入如下的 JSON 代码：

{
"query" : "MATCH (n:Teachers) WHERE n.TeacherNo='1001' RETURN n",
"params" : {
}   }

点击"Send"按钮，即完成参数和 JSON 数据的提交。

返回的信息如下：

```
{
"columns": [
  "n"
],
"data": [
  [
    {
      "metadata": {
        "id": 1054,
        "labels": [
```

```
      "Teachers"
     ]
   },
   "data": {
     "TeacherNo": "1001",
     "TeacherName": "Mike"
   },
      "paged_traverse": "http://localhost:7474/db/data/node/1054/paged/traverse/{returnType}{?pageSize,leaseTime}",
     "outgoing_relationships": "http://localhost:7474/db/data/node/1054/relationships/out",
      "outgoing_typed_relationships": "http://localhost:7474/db/data/node/1054/relationships/out/{-list|&|types}",
     "create_relationship": "http://localhost:7474/db/data/node/1054/relationships",
     "labels": "http://localhost:7474/db/data/node/1054/labels",
     "traverse": "http://localhost:7474/db/data/node/1054/traverse/{returnType}",
     "extensions": {},
     "all_relationships": "http://localhost:7474/db/data/node/1054/relationships/all",
     "all_typed_relationships": "http://localhost:7474/db/data/node/1054/relationships/all/{-list|&|types}",
     "property": "http://localhost:7474/db/data/node/1054/properties/{key}",
     "self": "http://localhost:7474/db/data/node/1054",
     "incoming_relationships": "http://localhost:7474/db/data/node/1054/relationships/in",
     "properties": "http://localhost:7474/db/data/node/1054/properties",
      "incoming_typed_relationships": "http://localhost:7474/db/data/node/1054/relationships/in/{-list|&|types}"
   }
  ]
 ]
}
```

由此可见，该节点的标签和属性显示为 JSON 数据的格式。

三、删除节点及关系

在 Neo4j Web 浏览器编辑框内输入并执行 "MATCH (n:Teachers)–[r]–(m) RETURN n,r,m" 语句，查询结果如图 4.5 所示。可以看出，Neo4j 中有 3 个标签为 Teachers 的节点和 3 个标签为 Courses 的节点。

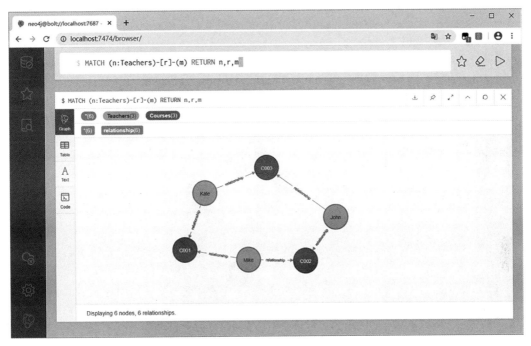

图 4.5 查询 Teachers 节点相连的节点及关系

我们将删除 TeacherName 为 'John' 的节点。

在 Postman 的"Body"标签页，点击下方的"Raw"子选项，输入如下的 JSON 代码：

```
{
"query" : "MATCH (n:Teachers) WHERE n.TeacherName='John' DETACH DELETE n",
"params" : {
}
}
```

点击"Send"按钮，即完成参数和 JSON 数据的提交。

返回的信息如下：

```
{
"columns": [],
"data": []
}
```

在 Neo4j Web 浏览器编辑框内输入并执行"MATCH (n:Teachers)-[r]-(m) RETURN n,r,m"语句，查询结果如图 4.6 所示，说明 TeacherName 为 'John' 的节点及关系已被成功删除。

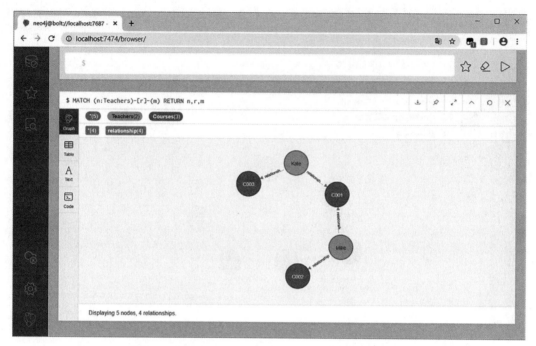

图 4.6　验证 Postman 通过 Post 方法删除节点及关系

四、修改节点的属性

我们将修改节点中 TeacherName 的 'Mike' 为 ' 迈克 '。

在 Postman 的 "Body" 标签页，点击下方的 "Raw" 子选项，输入如下的 JSON 代码：

　　{

　　　　"query" : "MATCH (n:Teachers) WHERE n.TeacherName='Mike' set n.TeacherName=' 迈克 ' RETURN n",

　　　　"params" : {

　　　　}

　　}

点击 "Send" 按钮，即完成参数和 JSON 数据的提交。

返回的信息如下：

```
{
  "columns": [
    "n"
  ],
  "data": [
    [
      {
        "metadata": {
          "id": 1054,
          "labels": [
            "Teachers"
          ]
        },
        "data": {
          "TeacherNo": "1001",
          "TeacherName": " 迈克 "
        },
        "paged_traverse": "http://localhost:7474/db/data/node/1054/paged/traverse/{returnType}{?pageSize,leaseTime}",
        "outgoing_relationships": "http://localhost:7474/db/data/node/1054/relationships/out",
        "outgoing_typed_relationships": "http://localhost:7474/db/data/node/1054/relationships/out/{-list|&|types}",
        "create_relationship": "http://localhost:7474/db/data/node/1054/relationships",
        "labels": "http://localhost:7474/db/data/node/1054/labels",
        "traverse": "http://localhost:7474/db/data/node/1054/traverse/{returnType}",
        "extensions": {},
        "all_relationships": "http://localhost:7474/db/data/node/1054/relationships/all",
        "all_typed_relationships": "http://localhost:7474/db/data/node/1054/relationships/all/{-list|&|types}",
        "property": "http://localhost:7474/db/data/node/1054/properties/{key}",
        "self": "http://localhost:7474/db/data/node/1054",
        "incoming_relationships": "http://localhost:7474/db/data/node/1054/relationships/in",
        "properties": "http://localhost:7474/db/data/node/1054/properties",
        "incoming_typed_relationships": "http://localhost:7474/db/data/node/1054/relationships/in/{-list|&|types}"
      }
    ]
  ]
}
```

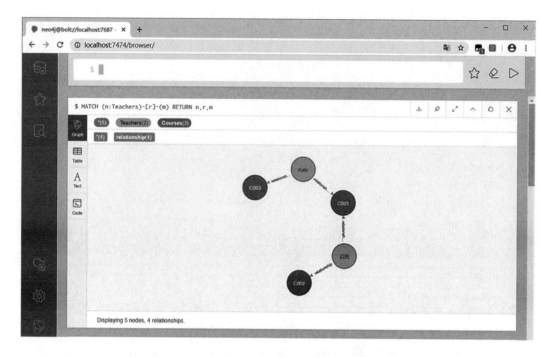

图 4.7 验证 Postman 通过 Post 方法修改节点属性

在 Neo4j Web 浏览器编辑框内输入并再次执行"MATCH (n:Teachers)-[r]-(m) RETURN n,r,m"语句，查询结果如图 4.7 所示，说明节点中 TeacherName 已修改为'迈克'。

由此可见，通过 Post 方法提交 JSON 格式、带相关参数的 Cypher 语句能实现对 Neo4j 图数据库的增、删、改、查操作，同时可以利用 REST API 返回的 JSON 格式数据进行可视化展示和数据分析。

第三节 JAVA 原生态开发模式

本示例使用 Java 语言 Spring Boot 框架进行开发，采用 Spring Data Neo4j 相关依赖实现对 Neo4j 的访问，包括节点及关系的创建、查询、删除功能。

本示例的运行环境——操作系统为 Windows 10 专业版，开发工具为 Eclipse 4.6.2 for Windows 64（即 Eclipse-jee-neon-2-win32-x86_64），Java JDK 版本为 1.8，开发步骤如下。

一、创建 Spring Boot 项目

Eclipse 中新建 Maven 工程，在如图 4.8 所示窗口中勾选 Create a simple project 选

项，选择"Next>"；进一步在如图 4.9 所示窗口中 Group id 处填写 com.graph，Artifact id 处填写 SpringBoot_Neo4j，打包方式 Packaging 选择 jar，其他选项默认。

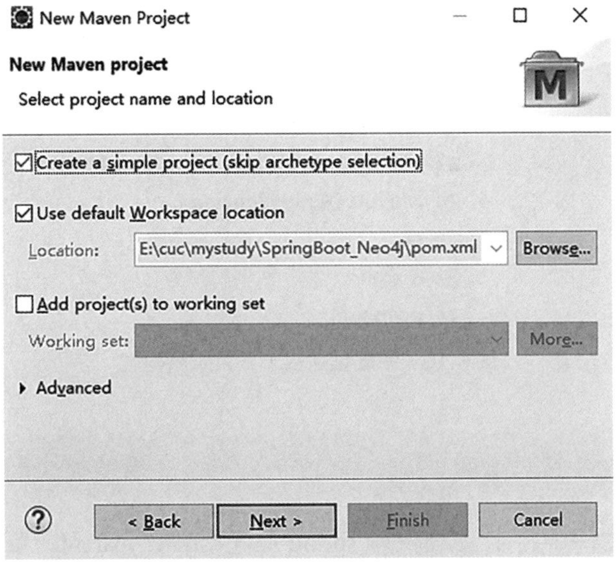

图 4.8　新建 Maven 工程向导窗口

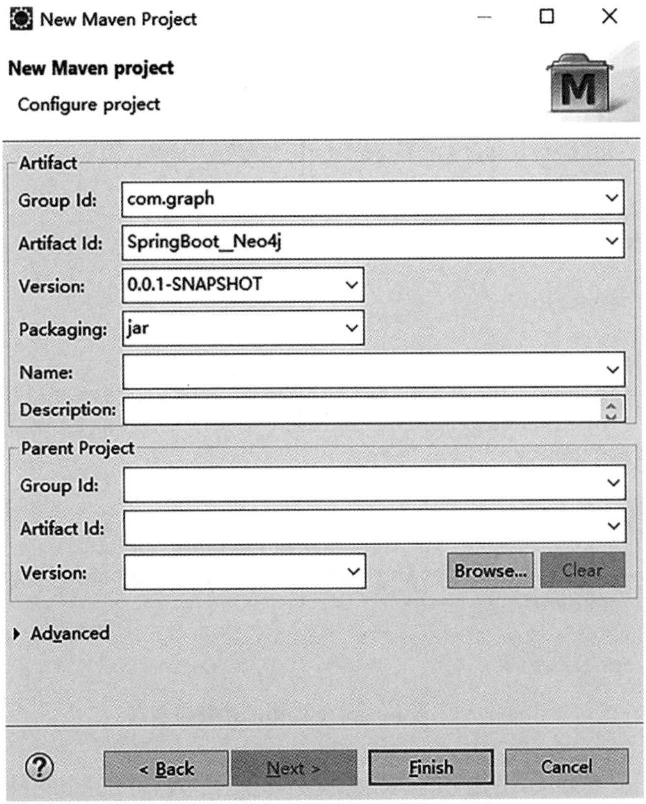

图 4.9　新建 Maven 工程参数设置窗口

完成创建后工程目录结构图如图 4.10 所示。

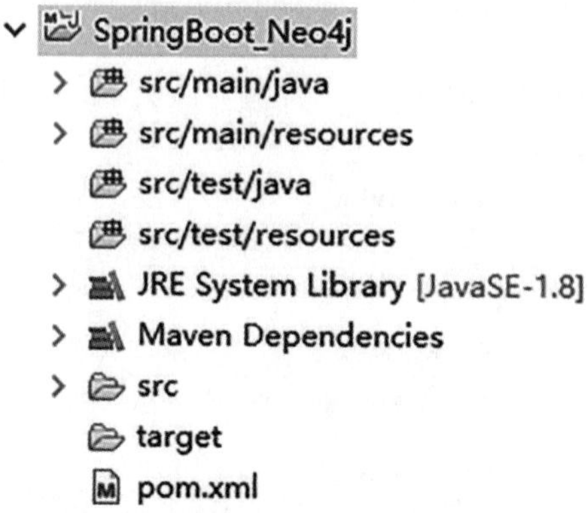

```
SpringBoot_Neo4j
  src/main/java
  src/main/resources
  src/test/java
  src/test/resources
  JRE System Library [JavaSE-1.8]
  Maven Dependencies
  src
  target
  pom.xml
```

图 4.10　完成创建后工程目录结构图

二、添加项目依赖与配置

在 pom.xml 文件中指定父级依赖 spring-boot-starter-parent，版本为 1.5.6，添加 web 依赖 spring-boot-starter-web，再添加 neo4j 依赖 spring-boot-starter-data-neo4j，如图 4.11 所示。

```xml
 7    <!-- 父级依赖 -->
 8    <parent>
 9      <groupId>org.springframework.boot</groupId>
10      <artifactId>spring-boot-starter-parent</artifactId>
11      <version>1.5.6.RELEASE</version>
12    </parent>
13
14    <dependencies>
15
16      <dependency>
17        <groupId>org.springframework.boot</groupId>
18        <artifactId>spring-boot-starter-web</artifactId>
19      </dependency>
20
21      <dependency>
22        <groupId>org.springframework.boot</groupId>
23        <artifactId>spring-boot-starter-data-neo4j</artifactId>
24      </dependency>
25
26    </dependencies>
```

图 4.11　pom.xml 文件中的依赖配置项

由于 Maven 工程默认使用的 JDK 版本为 1.5，因此在 pom.xml 中设置 JDK 版本为 1.8，如图 4.12 所示。

```
28  <build>
29    <plugins>
30      <plugin>
31        <groupId>org.apache.maven.plugins</groupId>
32        <artifactId>maven-compiler-plugin</artifactId>
33        <configuration>
34          <source>1.8</source>
35          <target>1.8</target>
36        </configuration>
37      </plugin>
38    </plugins>
39  </build>
```

图 4.12　pom.xml 文件中的 JDK 版本配置项

在 src/main/resources 目录下新建配置文件 application.properties，添加 neo4j 协议地址、用户名、密码，设置项目运行时使用的服务端口为 8081，如图 4.13 所示。

```
*application.properties ☒
1 spring.data.neo4j.uri=http://localhost:7474
2 spring.data.neo4j.username=neo4j
3 spring.data.neo4j.password=123456
4 server.port=8081
```

图 4.13　新建配置文件 application.properties 参数设置

三、创建节点与关系实体类

在 src/main/java 目录下新建 com.graph.pojo 包，新建 UserNode.java，其中定义 UserNode 节点类，如图 4.14 所示；新建 UserRelation.java，其中定义 UserRelation 关系类，如图 4.15 所示。

注解说明：

@NodeEntity(label="User") 标识节点标签为 User；

@GraphId 标识节点或关系的主键 id，值必须为 long 型；

@Property 标识节点属性值；

@RelationshipEntity(type="UserRelation") 标识关系名称为 UserRelation；

@StartNode 标识关系的起始节点；

@EndNode 标识关系的终止节点。

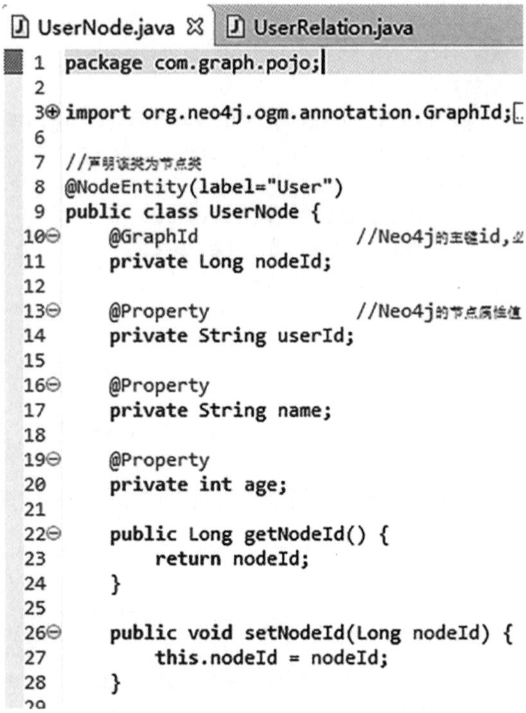
UserNode.java
UserRelation.java
package com.graph.pojo;
import org.neo4j.ogm.annotation.GraphId;
//声明该类为节点类
@NodeEntity(label="User")
public class UserNode {
@GraphId //Neo4j的主键id,
private Long nodeId;
@Property //Neo4j的节点属性值
private String userId;
@Property
private String name;
@Property
private int age;
public Long getNodeId() {
return nodeId;
}
public void setNodeId(Long nodeId) {
this.nodeId = nodeId;
}

图 4.14　UserNode.java 文件内容

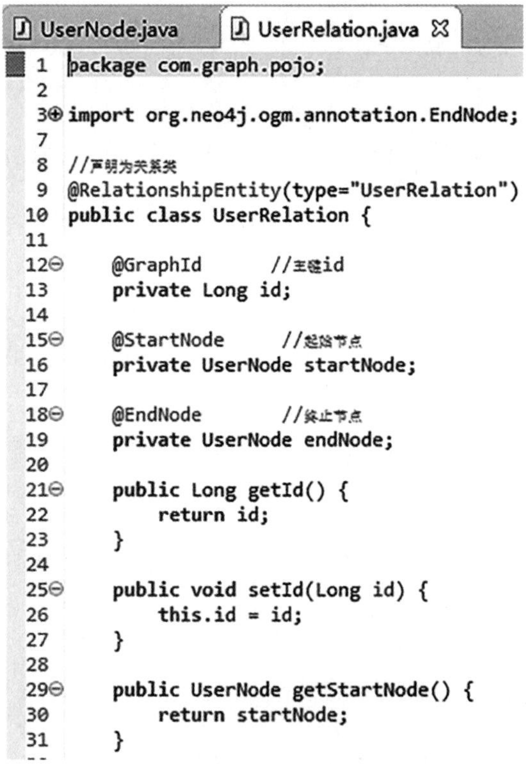
UserNode.java
UserRelation.java
package com.graph.pojo;
import org.neo4j.ogm.annotation.EndNode;
//声明为关系类
@RelationshipEntity(type="UserRelation")
public class UserRelation {
@GraphId //主键id
private Long id;
@StartNode //起始节点
private UserNode startNode;
@EndNode //终止节点
private UserNode endNode;
public Long getId() {
return id;
}
public void setId(Long id) {
this.id = id;
}
public UserNode getStartNode() {
return startNode;
}

图 4.15　UserRelation.java 文件内容

四、编写接口层、定义数据库操作

在 src/main/java 目录下新建 com.graph.dao 包，新建接口文件 UserRepository.java，其中定义 UserRepository 接口，如图 4.16 所示；新建接口文件 UserRelationRepository.java，其中定义 UserRelationRepository 接口，如图 4.17 所示。两个接口均继承 spring-data-neo4j 中封装好的 GraphRepository 类，对 neo4j 数据库操作进行增、删、改、查的定义。

```
UserRepository.java   UserRelationRepository.java

package com.graph.dao;

import java.util.List;

@Component
public interface UserRepository extends GraphRepository<UserNode> {

    @Query("MATCH (n:User) RETURN n")
    List<UserNode> getUserNodeList();

    @Query("create (n:User{userId:{userId},age:{age},name:{name}}) RETURN n")
    List<UserNode> addUserNodeList(@Param("userId") String userId,@Param("name") String name, @Param("age")int age);

    @Query("MATCH (n:User) DETACH DELETE n")
    void delUserNode();
}
```

图 4.16 UserRepository.java 文件内容

```
UserRepository.java   UserRelationRepository.java

package com.graph.dao;

import java.util.List;
@Component
public interface UserRelationRepository extends GraphRepository<UserRelation> {
    @Query("match p=(n:User)<-[r:UserRelation]->(n1:User) where n.userId={firstUserId} and n1.userId={secondUserId} return p")
    List<UserRelation> findUserRelationByEachId(@Param("firstUserId") String firstUserId,@Param("secondUserId") String secondUserId);

    @Query("match (fu:User),(su:User) where fu.userId={firstUserId} and su.userId={secondUserId} create p=(fu)-[r:UserRelation]->(su) return p")
    List<UserRelation> addUserRelation(@Param("firstUserId") String firstUserId,@Param("secondUserId") String secondUserId);

}
```

图 4.17 UserRelationRepository.java 文件内容

五、编写 service 层，实现业务逻辑

接口层仅定义了增删改查的方法，还需要在 service 层实现业务逻辑。在 src/main/java 目录下新建 com.graph.service 包，新建 UserService.java，其中定义 addUserNode、getUserNodeList、delUserNode、addUserRelation 等 4 种方法，通过调用接口层方法分别实现节点创建、节点查询、节点及关系删除、关系创建，如图 4.18 所示。

六、编写 Controller 层，用于访问数据

controller 层实现对数据的访问。在 src/main/java 目录下新建 com.graph.controller 包，新建 Neo4jController.java，其中定义 saveUserNode、getUserNodeList、delUserNode、addUserRelation 四个方法及访问路由，通过调用 service 层方法实现节点及关系的访问，如图 4.19 所示。

```
UserService.java ⊠
 1  package com.graph.service;
 2
 3⊕ import java.util.List;
12
13  @Service
14  public class UserService {
15
16⊖     @Autowired
17      private UserRepository userRepository;
18
19⊖     @Autowired
20      private UserRelationRepository userRelationRepository;
21
22⊖     public void addUserNode(UserNode userNode)    //添加节点
23      {
24          userRepository.addUserNodeList(userNode.getUserId(),userNode.getName(),userNode.getAge());
25      }
26
27⊖     public List<UserNode> getUserNodeList()    //查询节点
28      {
29          return userRepository.getUserNodeList();
30      }
31
32⊖     public void delUserNode()    //删除节点
33      {
34          userRepository.delUserNode();
35      }
36
37⊖     public void addUserRelation(UserRelation userRelation)    //添加关系
38      {
39          userRelationRepository.addUserRelation(userRelation.getStartNode().getUserId(),userRelation.getEndNode().getUserId());
40      }
```

图 4.18　UserService.java 文件内容

```
Neo4jController.java ⊠
 1  package com.graph.controller;
 2
 3⊕ import java.util.List;
13
14  @Controller
15  public class Neo4jController {
16⊖     @Autowired
17      private UserService userService;
18
19⊖     @RequestMapping("/saveUser")    //添加节点
20      @ResponseBody
21      public String saveUserNode()
22      {
23          UserNode node = new UserNode();
24          node.setNodeId(11);
25          node.setUserId("123");
26          node.setName("三林");
27          node.setAge(20);
28          userService.addUserNode(node);
29          return "Add node successfully";
30      }
31
32⊖     @RequestMapping("/getUser")    //查询节点
33      @ResponseBody
34      public List<UserNode> getUserNodeList()
35      {
36          return userService.getUserNodeList();
37      }
38
41⊕     public String delUserNode()
46
49⊕     public String addUserRelation()
```

图 4.19　Neo4jController.java 文件内容

七、编写应用层，作为程序入口

在 src/main/java 目录下新建 com.graph.app 包，新建 SpringApp.java，通过注解 @SpringBootApplication 对 service 和 controller 层进行扫描，注解 @EntityScan 对节点关系实体类进行扫描，注解 @EntityScan 对接口层扫描，如图 4.20 所示。

```
package com.graph.app;

import org.springframework.boot.SpringApplication;
import org.springframework.boot.autoconfigure.SpringBootApplication;
import org.springframework.boot.autoconfigure.domain.EntityScan;
import org.springframework.data.neo4j.repository.config.EnableNeo4jRepositories;

@SpringBootApplication(scanBasePackages="com.graph")
@EnableNeo4jRepositories(basePackages="com.graph.dao")
@EntityScan(basePackages="com.graph.pojo")
public class SpringApp {
    public static void main(String[] args)
    {
        SpringApplication.run(SpringApp.class, args);
    }
}
```

图 4.20 SpringApp.java 文件内容

八、运行测试

运行之前设置如图 4.21 所示的项目编译的 jre 环境。

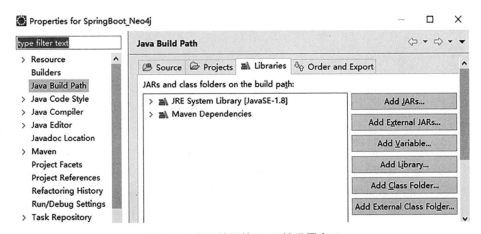

图 4.21 项目编译的 jre 环境设置窗口

右击 SpringApp.java->Run As->Java Application，成功运行，如图 4.22 所示。

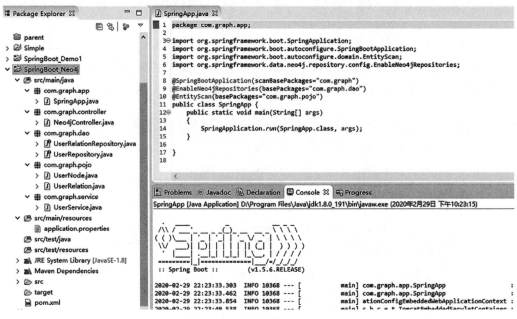

图 4.22　项目成功运行窗口

1. 在浏览器中访问 http://localhost:8081/saveUser，显示成功添加节点，如图 4.23 所示。

图 4.23　成功添加节点窗口

在 Neo4j 中进行验证：访问 http://localhost:7474/browser/，执行 Cypher 语句 MATCH (n:User) return n，可以看到成功创建了 name="王林" 的节点，如图 4.24 所示。这与 Neo4jController.java 中 saveUserNode 方法里的节点信息一致。

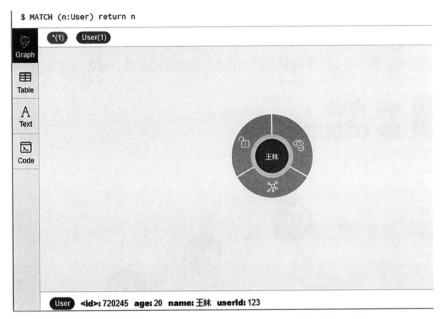

图 4.24　Neo4j 中查询到新增 name 为"王林"的节点窗口

2. 在浏览器中访问 http://localhost:8081/getUser，查询到标签为 User 的节点信息，如图 4.25 所示。

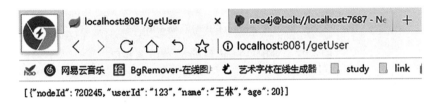

图 4.25　Neo4j 中查询到标签为 User 的节点窗口

3. 在浏览器中访问 http://localhost:8081/saveUserRelation，显示成功添加关系，如图 4.26 所示。

图 4.26　成功添加关系窗口

在 neo4j 中进行验证：访问 http://localhost:7474/browser/，执行 Cypher 语句 MATCH (n:User) return n，可以看到成功创建了起始节点、终止节点、UserRelation 关系，如图 4.27 所示。与 Neo4jController.java 中 addUserRelation 方法中的关系数据一致。

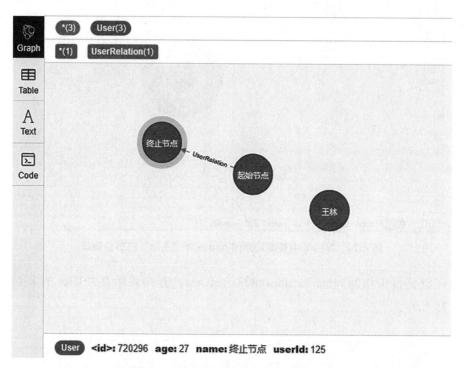

图 4.27　Neo4j 中查询到新添加的关系窗口

4. 在浏览器中访问 http://localhost:8081/delUser，显示成功删除节点，如图 4.28 所示。

图 4.28　成功删除节点窗口

在 Neo4j 中进行验证：访问 http://localhost:7474/browser/，执行 Cypher 语句 MATCH (n:User) return n，可以看到所有的 User 标签节点及关系已被删除，如图 4.29 所示。

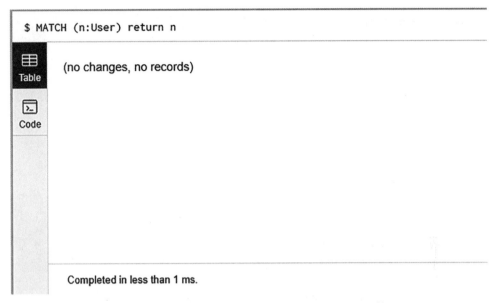

图 4.29　Neo4j 中查询所有 User 标签节点及关系已被删除的窗口

综上，本示例通过 Spring Boot 框架实现了对 Neo4j 图数据库的增、删、查功能。

第四节　各种语言驱动包开发模式

一、JavaScript 驱动包开发

从 https://github.com/neo4j/neo4j-javascript-driver/tree/4.0/examples 下载 neo4j.html 文件，同时从 https://unpkg.com/neo4j-driver@4.0.1/lib/browser/neo4j-web.js 下载所引用的 JavaScript 文件，将 neo4j.html 和 neo4j-web.js 存放到同一目录下。

修改 neo4j.html 中的相关代码，引用 neo4j-web.js 文件，同时在该网页中配置访问 Neo4j 图数据库的用户名和密码，在页面的用户名和密码输入框内分别输入用户名和密码即可显示出默认页面。

相关代码内容如下：

```html
<!--引用 neo4j-web.js 文件 -->
  ...
 <head>
  ...
  <script src="neo4j-web.js"></script>
 </head>
  ...
 <script>
  var session
  function connect(){
   var url =document.getElementById("neo4jUrl").value
   var username =document.getElementById("neo4jUser").value
   var password =document.getElementById("neo4jPass").value
   var authToken = neo4j.auth.basic(username, password)
   console.log(authToken)
   var driver = neo4j.driver(url, authToken, {
    encrypted: false
   })
   session = driver.session()
  }
  ...
 </script>
```

例 4.1 创建驱动实例：通过 JavaScript 驱动包来访问本地的 Neo4j 数据库。

代码简介：

"neo4j.auth.basic()" 函数进行用户名和密码的连接认证；

"var driver = neo4j.driver('bolt://localhost', authToken, {
　　　　encrypted: false
　　　})"

创建连接 Neo4j 的驱动；

"var session = driver.session()" 以及 "session.run(statement, parameters).subscribe(...)" 定义并执行会话，然后将返回的 JSON 数据以表格方式显示在该页面的下方。

打开如图 4.30 所示的 "neo4j.html" 页面，在 "协议地址：" 编辑框输入 bolt://localhost:7687，分别在 "用户名/密码" 编辑框输入 neo4j、123456；增加参数 "Num" 赋值为 5。

在左上方 Cypher 语句编辑框内输入：MATCH (n:Node2020) RETURN n LIMIT $Num。点击 "RVN" 按钮，则在下方的信息显示区域可以看到返回了标签为 Node2020 的 5 个节点信息。

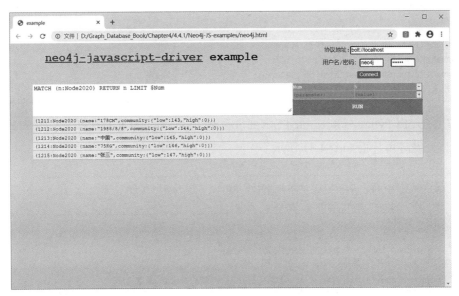

图 4.30 访问本地 Neo4j 图数据库的查询页面

二、Python 驱动包开发

调用 Py2neo[3] 提供的 API 访问 Neo4j 图数据库，包括创建节点及关系。步骤如下：

1. 安装 Py2neo v3

根据网站 https://py2neo.org/v3/ 的提示，在 Python v3.7 下安装 py2neo 组件。

2. 运行 "CreateNodes.py"，编辑图数据库

"CreateNodes.py" 为创建 5 个节点及关系的 Python 脚本，代码及注释如表 4.2 所示。

表 4.2 "CreateNodes.py" 脚本内容

```
import py2neo
# 引用 py2neo 包
from py2neo import Graph, Node, Relationship
# 调用 py2neo 包的 Graph, Node, Relationship
graph = Graph("http://neo4j:123456@localhost:7474/db/data/")
# 在本机启动 Neo4j 服务的情况下连接到 Neo4j 图数据库，用户名为 neo4j、密码为 123456
nicole = Node("Person", name="Nicole", age=24)
drew = Node("Person", name="Drew", age=20)
mtdew = Node("Drink", name="Mountain Dew", calories=9000)
cokezero = Node("Drink", name="Coke Zero", calories=0)
coke = Node("Manufacturer", name="Coca Cola")
pepsi = Node("Manufacturer", name="Pepsi")
# 定义相关节点
graph.create(nicole | drew | mtdew | cokezero | coke | pepsi)
# 创建相关节点
graph.create(Relationship(nicole, "LIKES", cokezero))
graph.create(Relationship(nicole, "LIKES", mtdew))
```

续表

```
graph.create(Relationship(drew, "LIKES", mtdew))
graph.create(Relationship(coke, "MAKES", cokezero))
graph.create(Relationship(pepsi, "MAKES", mtdew))
# 创建相关关系
```

采用 IDLE（Python's Integrated DeveLopment Environment）工具打开"CreateNodes.py"，该开发环境界面如图 4.31 所示。

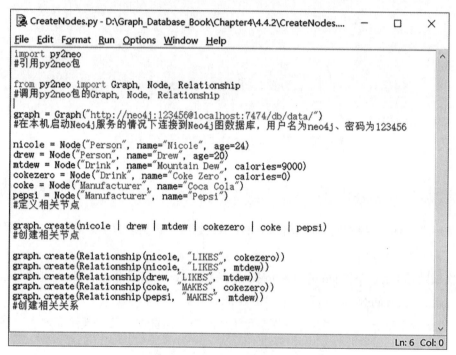

图 4.31　Python 代码"CreateNodes.py"的 IDLE 开发环境界面

在 IDLE 工具中选择"Run"→"Run Module F5"，运行该 Python 代码。成功运行后将自动重新开启如图 4.32 所示的 Shell 窗口。

图 4.32　显示"CreateNodes.py"运行结果的 Python 3.7.0 Shell 窗口

3. 验证 Python 驱动包对图数据库的更新情况

从"https://github.com/jexp/cy2neo"链接处下载 cy2neo-neod3.zip 文件[4]，保存到本地后直接将该 ZIP 包进行解压缩，运行"cy2neo-neod3"目录下的"index.html"即可使用。使用"Google Chrome"浏览器打开如图 4.33 所示的"index.html"，在该页面左上方的编辑框内输入如下 Cypher 语句：

```
MATCH (m:Person),(n:Drink),(p:Manufacturer),(m)-[r1]-(n)-[r2]-(p)
RETURN m,n,p,r1,r2
```

同时在右上方的第二行编辑框内依次输入"neo4j"和"123456"，然后点击右上方的运行图标，将实现 Cypher 查询结果的可视化。运行结果如图 4.34 所示。

由此可见，在"（2）运行 'CreateNodes.py' 编辑图数据库"步骤中创建的节点和关系已保存到 Neo4j 图数据库中。

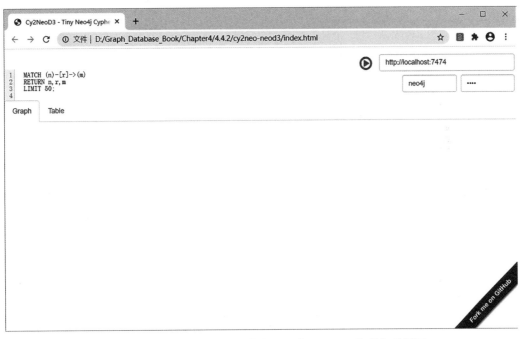

图 4.33　Google Chrome 浏览器打开"index.html"的初始界面

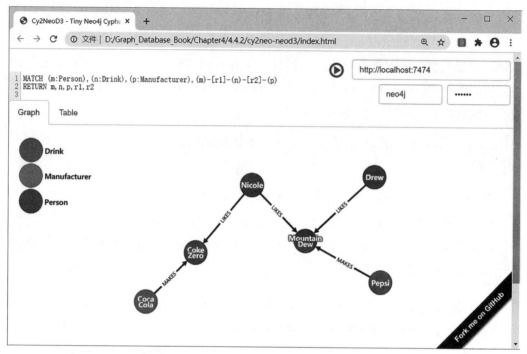

图 4.34　cy2neo-neod3 可视化组件包下 "index.html" 的运行界面

第五节　常用的可视化方案

本节介绍几种常用的基于 JavaScript 库的可视化方案，针对每种 JS 库给出一个简单的示例。

一、D3 可视化方案

D3（Data-Driven Documents，数据驱动文档）是一个 JavaScript 函数库，封装了丰富的图形绘制函数，可嵌入 HTML 页面来进行数据的可视化展示。在 https://d3js.org/（英文网站）[5]和 https://www.d3js.org.cn/（网站）[6]上有详细的文档说明和示例代码，开发者可在示例的基础上进行增量式研发。D3 具有大量的可视化组件来驱动 DOM（Document Object Model，文档数据模型）操作，能嵌入 Web 网页上运行，具有较好的交互性，易于部署和扩展。

引用 D3.JS 库文件后即可使用相关 API 实现可视化，D3.JS 库文件的主要引用方式有包括本地引用和网络链接引用等两种方式：

1. 本地引用

从 https://github.com/d3/d3/releases/download/v5.15.0/d3.zip 链接下载 d3 v5.15.0 的库文件，该压缩包的"d3.min.js"文件为 JS 库文件。

在 HTML 页面中"<head>...</head>"的标签对内写入 <script src="d3.min.js" charset="utf-8"></script> 即可。

2. 网络链接引用

在 HTML 页面中"<head>...</head>"的标签对内写入 <script src="http://d3js.org/d3.v3.min.js" charset="utf-8"></script> 即可。

D3 官方画廊网站（https://github.com/d3/d3/wiki/Gallery）的首页如图 4.35 所示。该网站上有丰富的示例代码和文档，在"Visual Index"部分提供了和弦图（Chord Diagram）、绘制热图（Heatmap）和力导向图（Force Directed Graph）等多种布局样式的索引。

力导向图采用力导向布局算法来自动排列各节点在屏幕中的位置，无须在 HTML 页面进行预设，当节点以及拓扑关系发生变化时可以重新布局，常用于影视人物关系展示、知识图谱分析等应用。

本节综合运用 D3.JS 的力导向图布局、SVG[7]（Scalable Vector Graphics，可伸缩矢量图形）元素绘制等方法来实现影视人物关系的可视化。

图 4.35　D3 官方画廊网站

（一）可视化的需求分析

如前所述，考虑到应用开发与 Neo4j 的可扩展性、效果展现度，可视化页面采用如下方式：

1. 遵循代码和所调用文件分离的原则，采用调用 JSON 数据来实现节点及关系数据的读取；

2. 人物关系之间采用有向图方式进行展示：如从节点 1 到节点 2 存在着"朋友"关系，在页面上以从节点 1 出发到节点 2 之间的箭头来表示；

3. 考虑到人物的数字图片大多采用垂直像素值比水平像素值大的矩形电子版图像，在页面上节点中的人物图片用椭圆形进行显示。

（二）使用 SVG 元素绘制箭头和椭圆形

要实现预期效果，我们使用 SVG <path> 标签和 <ellipse> 来分别绘制箭头和椭圆形状。

● SVG <path> 元素

箭头表示采用 SVG<path> 元素来进行绘制。

路径（path）[8] 采用 "$Action_1\ P1_x,P1_y\ ...\ Action_i\ Pi_x,Pi_y\ ...\ Action_m\ Pm_x,Pm_y$" 格式来实现线段或曲线段的组合绘制。

设 SVG 路径上共有 m 个控制点，其中 $Action_i$（$1 \leq i \leq m$）为路径命令，即连接点（Pi_x,Pi_y）（$1 \leq i \leq m$）的操作行为。

最常用的两条路径命令为：

M（=moveto）：将笔画移动到指定坐标，不绘制上一个点的位置，相当于新的起笔点；

L（=lineto）：绘制直线到指定坐标，绘制从上一个点到目标点之间的线段。

● SVG <ellipse> 元素

对于椭圆的参数方程 $(x-x_0)^2/a^2 + (y-y_0)^2/b^2 = 1$，SVG<ellipse> 元素[9] 用于显示椭圆形状，四个参数分别为：cx、cy、rx、ry，其中 cx、cy 分别为椭圆中心点的横坐标 x_0、纵坐标 y_0，rx、ry 分别表示 a、b。

示例 4.1 使用 SVG 绘制箭头和椭圆形状 "SVG-Arrow and Ellipse.html"

```html
<!DOCTYPE html>
<html>
 <head>
  <meta charset="utf-8">
  <title>Using SVG to Draw an Arrow and an Ellipse</title>
 </head>
 <body>
  <svg width="400" height="400">
   <path d="M20 100 L100 100 L100 90 L120 100 L100 110 L100 100"
      fill="red" stroke="blue" stroke-width="1"></path>
      <ellipse cx="170" cy="100" rx="50" ry="20" fill="gray" />
  </svg>
 </body>
</html>
```

其中，<path d="M20 100 L100 100 L100 90 L120 100 L100 110 L100 100" fill="red" stroke="blue" stroke-width="1"></path> 部分表示：创建起点为（20, 100），依次绘制连接（100, 100）、（100, 90）、（120, 100）、（100,110）、（100, 100）等 5 个点的 5 条蓝色线段，箭头的三角形内采用红色填充；<ellipse cx="170" cy="100" rx="50" ry="20" fill="gray" /> 部分表示：以（170, 100）作为中心点，绘制 a=50、b=20 参数情形下灰色填充色的椭圆，由于 170-50=120，因此椭圆左侧与箭头的右侧相接。

在 Chrome 浏览器上打开示例 4.1 的网页"SVG-Arrow and Ellipse.html"，可以看到相连接的一个箭头和一个椭圆，显示效果如图 4.36 所示。

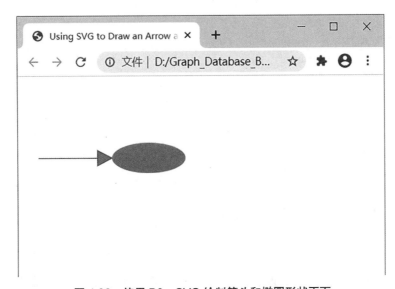

图 4.36　使用 D3、SVG 绘制箭头和椭圆形状页面

（三）示例：基于 D3 和 SVG 的影视人物关系可视化

本示例使用 D3.JS，读取 JSON 数据，获取节点的图片信息和关系连接的拓扑信息，采用示例 4.1 中的箭头和椭圆绘制方法，实现人物关系的可视化。

访问 https://www.1905.com/mdb/film/2241117/performer/?fr=mdbypsy_dh_yzry 网站链接，查看《叶问 4：完结篇（2019)》电影的演职人员信息，并下载海报及相关人员图片。

创建 JSON 文件 "Relationships.json"，内容如下：

```
{
"nodes":
 [
  { "name":" 叶问 4", "image":"Yewen-Four.jpg" },
  { "name":" 叶伟信 ", "image":"Guide.jpg" },
  { "name":" 黄子桓 ", "image":"Author.jpg" },
  { "name":" 甄子丹 ", "image":"ZZD.jpg" },
  { "name":" 吴樾 ", "image":"WY.jpg" },
  { "name":" 吴建豪 ", "image":"WJH.jpg" },
  { "name":" 斯科特·阿金斯 ", "image":"SKT.jpg" },
  { "name":" 李宛妲 ", "image":"LWD.jpg" },
  { "name":" 郑则仕 ", "image":"ZZS.jpg" },
  { "name":" 陈国坤 ", "image":"CGK.jpg" },
  { "name":" 敖嘉年 ", "image":"AJN.jpg" }
 ],
"edges":
 [
  { "source":1, "target":0, "relation":" 导演 " },
  { "source":2, "target":0, "relation":" 编剧 " },
  { "source":3, "target":0, "relation":" 演员 " },
  { "source":4, "target":0, "relation":" 演员 " },
  { "source":5, "target":0, "relation":" 演员 " },
  { "source":6, "target":0, "relation":" 演员 " },
  { "source":7, "target":0, "relation":" 演员 " },
  { "source":8, "target":0, "relation":" 演员 " },
  { "source":9, "target":0, "relation":" 演员 " },
  { "source":10, "target":0, "relation":" 演员 " }
 ]
}
```

此 JSON 文件包括人物节点 "nodes" 和连接关系 "edges"："nodes" 部分的第 1 行数据 { "name":" 叶问 4", "image":"Yewen-Four.jpg" }，将影片的海报作为图片，用来表示

"叶问4"这部影片，节点编号为 0；第 2 行和第 3 行数据分别是该影片的导演和编剧信息，第 4 行到第 11 行数据分别是该影片的主要演员信息；"edges"部分表示演职人员在《叶问 4：完结篇（2019)》电影中出演的角色。

示例 4.2 基于 D3 和 SVG 的影视人物关系可视化 –《叶问 4》（网页文件："D3-SVG-Visualization-Yewen_Four.html"）

```
<!DOCTYPE html>
<html>
<head>
  <meta charset="utf-8">
  <title>基于 D3 和 SVG 的影视人物关系可视化 –《叶问 4》</title>
 <style>

.nodetext {
  font-size: 12px ;
  font-family: SimSun;
  fill:red;
}
.linetext {
  font-size: 12px ;
  font-family: SimSun;
  fill:#1f77b4;
}
.circleImg {
 stroke: #ff7f0e;
 stroke-width: 1.5px;
}
path{
                      fill: #0000FF;   // 设置路径（箭头）的填充颜色为蓝色
                      stroke: #666;   // 设置边框的颜色
                      stroke-width: 1.5px;
                    }
</style></head>
  <body>
    <script src="d3.v3.min.js" charset="utf-8"></script>
    <script>
    var width = 850;
    var height = 600;
    var img_w = 77;
    var img_h = 80;
    var radius = 60;    // 圆形半径
```

```
var svg = d3.select("body").append("svg")
        .attr("width",width)
        .attr("height",height);
d3.json("Relationships.json",function(error,root){// 读取 Relationships.json 文件
    if( error ){  return console.log(error);  }
    console.log(root);
    //D3 力导向布局
    var force = d3.layout.force()
        .nodes(root.nodes)
        .links(root.edges)
        .size([width,height])
        .linkDistance(220)
        .charge(-1500)
        .start();
                    // 箭头绘制
        var defs = svg.append("defs");
        var radius=10;
        var arrowMarker = defs.append("marker")
                                        .attr("id","arrow")
                                        .attr("markerUnits","strokeWidth")
                                        .attr("viewBox", "0 -5 10 10")// 相对坐标系的区域：从（0,-5）为起点，宽度和高度均为 10 个像素
                                        .attr("refX",60)// 箭头坐标
                                        .attr("refY", -0.5)
                                        .attr("markerWidth", 6)// 标识的大小
                                        .attr("markerHeight", 6)
                                        .attr("orient", "auto")// 自动确认方向和角度
        var arrow_path = "M0,-5 L10,0 L0,5";
        arrowMarker.append("path")
                            .attr("d",arrow_path);
        var color=d3.scale.category20();
        var path = svg.selectAll("line")
                            .data(root.edges)
                            .enter()
                            .append("line")
                            .attr("id", function(d,i) {
```

```
                                        return "edgepath" +i;
                                    })
                                .attr("class","edges")
                                .style("stroke","#00FFFF")  // 设置连线的颜色为青色
            .style("stroke-width",2)
                                .attr("marker-end","url(#arrow)");
            // 边上的文字（人物之间的关系）
    var pathtext = svg.selectAll('.linetext')
                            .data(root.edges)
                            .enter()
                            .append("text")
                            .attr("class","linetext")
                            .text(function(d) { return d.relation; });


    // 椭圆图片节点（人物头像）
    var nodes_img = svg.selectAll("image")
            .data(root.nodes)
            .enter()
            .append("ellipse")  // 椭圆节点
            .attr("class", "circleImg")
            .attr("rx", 50)
            .attr("ry",60)
            .attr("fill", function(d, i){
                // 创建圆形图片
                var defs = svg.append("defs").attr("id", "imgdefs")
                var Char_Avatar = defs.append("pattern")
                        .attr("id", "Char_Avatar" + i)
                        .attr("height", 1)
                        .attr("width", 1)
                Char_Avatar.append("image")
                    .attr("x", - (img_w/2 – radius))
                    .attr("y", - (img_h/2 – radius))
                    .attr("width", img_w+75)
                    .attr("height", img_h+115)
                    .attr("xlink:href",d.image);
                return "url(#Char_Avatar" + i + ")";
            // 遍历并返回 "relation.json" 文件中 "image" 属性所指向的图片文件，填充到椭圆
区域
            })
```

```
                    .call(force.drag);
    var text_dx = -20;
    var text_dy = 35;
    var nodes_text = svg.selectAll(".nodetext")
                    .data(root.nodes)
                    .enter()
                    .append("text")
                    .attr("class","nodetext")
                    .attr("dx",text_dx)
                    .attr("dy",text_dy)
                    .text(function(d){
                        return d.name;
                    });
    force.on("tick", function(){
        // 限制结点的边界
        root.nodes.forEach(function(d,i){
            d.x = d.x - img_w/2 < 0     ? img_w/2 : d.x ;
            d.x = d.x + img_w/2 > width ? width - img_w/2 : d.x ;
            d.y = d.y - img_h/2 < 0     ? img_h/2 : d.y ;
            d.y = d.y + img_h/2 + text_dy > height ? height - img_h/2 - text_dy : d.y ;
        });
        // 更新连接线的位置
        path.attr("x1",function(d){ return d.source.x; });
        path.attr("y1",function(d){ return d.source.y; });
        path.attr("x2",function(d){ return d.target.x; });
        path.attr("y2",function(d){ return d.target.y; });
        // 更新连接线上文字的位置
        pathtext.attr("x",function(d){ return (d.source.x + d.target.x) / 2 ; });
        pathtext.attr("y",function(d){ return (d.source.y + d.target.y) / 2 ; });
        // 更新结点图片和文字
        nodes_img.attr("cx",function(d){ return d.x });
        nodes_img.attr("cy",function(d){ return d.y });
        nodes_text.attr("x",function(d){ return d.x });
        nodes_text.attr("y",function(d){ return d.y + img_w/2; });
    });
    });
    </script>
</body>
</html>
```

在 Microsoft Edge 浏览器上打开示例 4.2 的网页"D3-SVG-Visualization-Yewen_Four.html",可以看到如图 4.37 所示的《叶问 4》人物关系可视化效果。

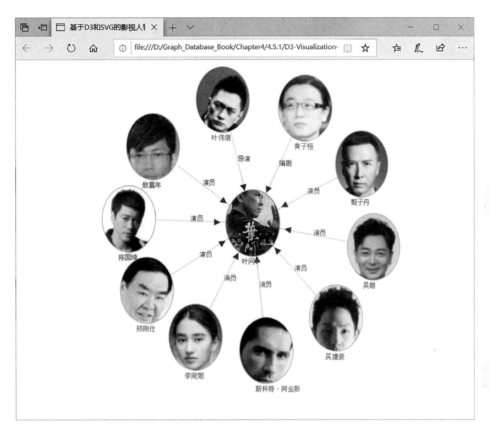

图 4.37　基于 D3 和 SVG 的《叶问 4》人物关系可视化效果

二、Echarts 可视化方案

ECharts(Enterprise Charts,商业级数据图表),是百度公司推出的一款开源的 JavaScript 图表绘制函数库,能在 PC 和移动设备上运行,能兼容绝大部分浏览器,其底层基于 ZRender(一个轻量级的 Canvas 类库),具有良好的交互性,非常适用于定制数据的可视化图表以及二次开发。

ECharts 官网(https://echarts.baidu.com/)[10] 提供了丰富的文档和实例。访问该网站并选择"实例"进入如图 4.38 所示的页面,可看出 ECharts 提供了各种图表类型,包括折线图、柱状图、散点图、K 线图、饼图、雷达图、地图、和弦图、力导向图等多种布局。开发者根据可视化需求选择合适的图表类型,易于在实例的基础上进行功能扩展。

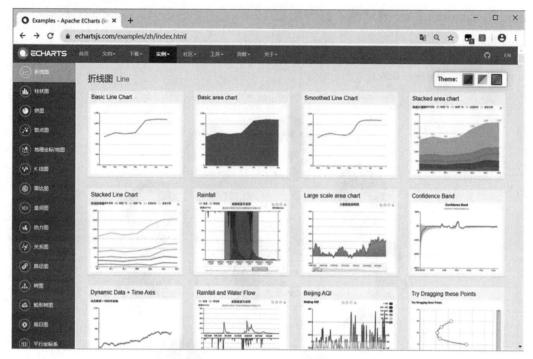

图 4.38　Echarts 官方实例页面

引用 ECharts 库文件后可以进行数据可视化，参考学习代码时需要注意 ECharts 的版本。从 ECharts 的 github 网站链接 "https://codeload.github.com/apache/incubator-echarts/zip/4.6.0" 下载 echarts v4.6.0 版文件 "incubator-echarts-4.6.0.zip"，在 HTML 页面中 "<head>...</head>" 的标签对内写入 <script src="echarts.min.js"></script>" 即可。

类似于本节 "D3 可视化方案"，本节综合运用 echarts 的力导向图布局、HTML5 的 Canvas[11] 绘制等方法来实现影视人物关系的可视化。

（一）可视化的需求分析

如前所述，考虑到应用开发与 Neo4j 的可扩展性、效果展现度以及衍生信息获取的便捷性等，可视化页面采用如下方式：

1. 采用 JSON 数据来实现节点及关系数据的读取；

2. 人物关系之间采用有向图方式进行展示：如从节点 1 到节点 2 存在着 "亲戚"关系，在页面上以从节点 1 出发到节点 2 之间的箭头来表示；

3. 在页面上节点中的人物图片用椭圆形进行显示；

4. 当点击到某个影视人物的图片节点上时打开相应的百度百科页面。

（二）使用 HTML5 的 Canvas 绘制椭圆形

要实现预期效果，我们使用 HTML5 的 Canvas 绘制椭圆形状[12]。

● HTML5 的 Canvas 绘制椭圆函数

Canvas 绘制椭圆函数为：

ellipse(x, y, radiusX, radiusY, rotation, startAngle, endAngle, anticlockwise)

对于椭圆的参数方程 $(x-x_0)^2/a^2+(y-y_0)^2/b^2=1$，参数 x、y 分别为椭圆中心点的横坐标 x_0、纵坐标 y_0，radiusX、radiusY 分别为 a、b，anticlockwise 为可选参数，即缺省该参数等效于 false 表示默认情况下是沿顺时针方向旋转，rotation 表示椭圆绕中心点旋转的角度：如 rotation=45*Math.PI/180 表示椭圆绕中心点旋转 45 度，startAngle、endAngle 分别表示绘制椭圆弧线的起始角度和终止角度，需要绘制完整的椭圆时设置 startAngle=0，endAngle=Math.PI*2。

示例 4.3 使用 HTML5 Canvas 绘制椭圆形状"Demo-Canvas-Ellipse.html"

```html
<!DOCTYPE html>
<html>
<head lang="en"> <meta charset="UTF-8">
 <title>HTML5-Canvas- 椭圆 </title>
</head>
<body>
 <canvas id="myCanvas" width="600" height="600" style="display: block; margin: 0 auto; border:2px solid #c3c3c3;">
    当前浏览器不支持 Canvas，请更换其他浏览器．
 </canvas>
 <script type="text/javascript">
    var canvas=document.getElementById("myCanvas");
    var ctx=canvas.getContext("2d");
    ctx.save();
    ctx.ellipse(300,300,160,120,-30*Math.PI/180,0,Math.PI*2,false);
    ctx.fillStyle="#AAA";
    ctx.strokeStyle="#0000FF";
    ctx.fill();
    ctx.stroke();
 </script>
</body>
</html>
```

在 Chrome 浏览器上打开示例 4.3 的网页"Demo-Canvas-Ellipse.html"，可以在 600×600 的灰色边框画布上显示绕自身中心点逆时针旋转了 30 度的椭圆，显示效果如图 4.39 所示。

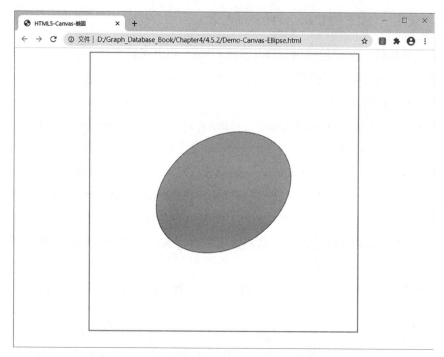

图 4.39　使用 HTML5 Canvas 绘制椭圆形状页面

（三）示例：基于 ECharts 和 HTML5 Canvas 的影视人物关系可视化

本示例使用 ECharts，读取 JSON 数据，分别获取节点的本地服务器的图片信息、关系连接拓扑信息和百度百科词条等；采用示例 4.3 的 HTML5 Canvas 椭圆绘制方法，实现对《人民的名义》影片人物关系的可视化。

1. 配置本机作为 Web 服务器存放图片

在 Windows 10 环境下，按下 Windows 图标键，在出现的搜索框中输入 IIS，运行 Windows 自带的 IIS（Internet Information Services，互联网信息服务）软件来进行 Web 服务器的配置，如图 4.40 所示；选中该窗口左侧的"网站"栏目下一级的"Default Web Site"，在右侧的"操作"区域点击"管理网站"下的"启动"。

在右侧"操作"区域点击"编辑网站"下的"基本设置"，出现如图 4.41 所示的窗口。

从图 4.41 中可以看出，网站的物理路径为"%SystemDrive%\inetpub\wwwroot"，这说明需要将网页及资源存放到系统盘符下的"inetpub\wwwroot"子目录，以提供 Web 访问。为此，将《人民的名义》影片中的主要人物图片拷贝到"C:\inetpub\wwwroot"目录下。

在 Chrome 浏览器地址栏上输入"http://127.0.0.1"或"http://localhost/"后，出现如图 4.42 所示的默认页面表示 Web 服务器正常运行。

第四章 开发 Neo4j 应用系统的常用技术栈及示例

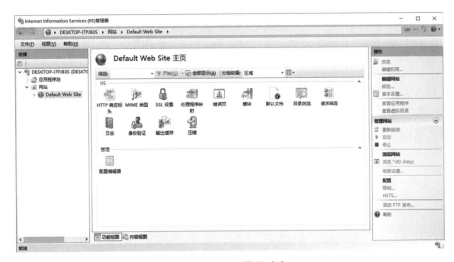

图 4.40　IIS 配置网站窗口

图 4.41　IIS 编辑网站"基本设置"窗口

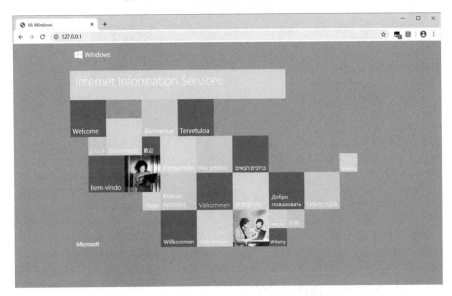

图 4.42　IIS Web 服务器启动的默认页面

进一步在如图 4.40 的"IIS 配置网站窗口"设置"HTTP 响应标头"选项，在新出现的如图 4.43 所示窗口中添加名称为"Access-Control-Allow-Origin"、值为"*"的 HTTP 响应头，用来解决 Chrome 浏览器出现的跨域访问问题，以保证网页能正常访问 JSON 文件中设置的图片链接。

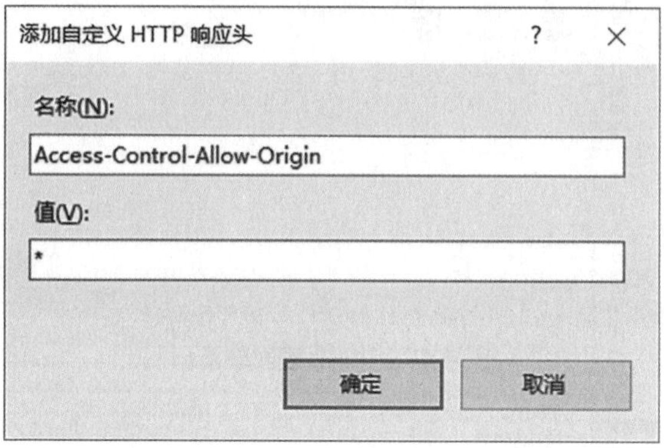

图 4.43　IIS "添加自定义 HTTP 响应头"窗口

2. 配置节点和关系的 JSON 文件

分别创建节点和关系的 JSON 文件"Nodes.json"和"Relationships.json"。

"Nodes.json"内容[13]如下：

```
{
"nodes":[
 {"name":"\n\n\n\n\n 侯亮平 ",
  "symbol":"http://127.0.0.1/Houliangping.jpg","id":"0",
  "description":" 最高检反贪局侦查处处长，汉东省人民检察院副检察长兼反贪局局长。<br/> 经过与腐败违法分子的斗争，最终将一批腐败分子送上了审判台，<br/> 正义战胜邪恶，自己也迎来了成长。",
  "url":"https://baike.baidu.com/item/%E4%BE%AF%E4%BA%AE%E5%B9%B3"},
 {"name":"\n\n\n\n\n 高育良 ",
  "symbol":"http://127.0.0.1/Gaoyuliang.jpg","id":"1",
  "description":" 汉东省省委副书记兼政法委书记。<br/> 年近六十，是一个擅长太极功夫的官场老手。侯亮平、陈海和祁同伟都是其学生。",
  "url":"https://baike.baidu.com/item/%E9%AB%98%E8%82%B2%E8%89%AF"},
 {"name":"\n\n\n\n\n 祁同伟 ",
  "symbol":"http://127.0.0.1/Qitongwei.jpg","id":"2",
  "description": " 汉东省公安厅厅长。<br/> 出身农民，曾想凭自己的努力走上去，内心渴望成为一个胜天半子的人，<br/> 但现实却沉重地打击了他，进而走上了不归路。",
  "url":"https://baike.baidu.com/item/%E7%A5%81%E5%90%8C%E4%BC%9F"},
 {"name":"\n\n\n\n\n 陈海 ",
  "symbol":"http://127.0.0.1/Chenhai.jpg","id":"3",
```

"description":" 汉东省人民检察院反贪局局长。
 他不畏强权、裁决果断，一出场就与汉东官场权利正面交锋；
 他廉明正直、重情重义，与好兄弟侯亮平携手战斗在反腐第一线，
 他遭遇暗害惨出车祸而躺在医院。",
    "url":"https://baike.baidu.com/item/%E9%99%88%E6%B5%B7/20592104"},
{"name":"\n\n\n\n\n 蔡成功 ",
    "symbol":"http://127.0.0.1/Caichenggong.jpg","id":"4",
    "description":" 汉东省大风厂董事长、法人代表，为人狡诈，为了招标成功而贿赂政府官员，
 甚至连发小反贪局局长侯亮平也企图去贿赂。",
    "url":"https://baike.baidu.com/item/%E8%94%A1%E6%88%90%E5%8A%9F/20592676"},
{"name":"\n\n\n\n\n 高小琴 ",
    "symbol":"http://127.0.0.1/Gaoxiaoqin.jpg","id":"5",
    "description":" 山水集团董事长，也是一位叱咤于政界和商界的风云人物，处事圆滑、精明干练。
 在与官员沟通时更是辩口利辞，沉稳大气，拥有高智商和高情商，并得到以 " 猴精 " 著称的反贪局长侯亮平冠以 " 美女蛇 " 的称号。",
    "url":"https://baike.baidu.com/item/%E9%AB%98%E5%B0%8F%E7%90%B4"},
{"name":"\n\n\n\n\n 高小凤 ",
    "symbol":"http://127.0.0.1/Gaoxiaofeng.jpg","id":"6",
    "description":" 高小凤是高小琴的孪生妹妹，高育良的情妇。",
    "url":"https://baike.baidu.com/item/%E9%AB%98%E5%B0%8F%E5%87%A4"},
{"name":"\n\n\n\n\n 陆亦可 ",
    "symbol":"http://127.0.0.1/Luyike.jpg","id":"7",
    "description":" 汉东省检察院反贪局的女检察官，表面冷峻决绝，内心重情重义。
 大龄未嫁的她面临着家庭逼婚的困境，而她抗婚是因为对反贪局局长陈海一往情深。
 然而陈海惨遭横祸，她收起悲愤去探求真相拨云见雾，同时在公安局局长赵东来的追求中获得真爱。",
    "url":"https://baike.baidu.com/item/%E9%99%86%E4%BA%A6%E5%8F%AF"},
{"name":"\n\n\n\n\n 赵东来 ",
    "symbol":"http://127.0.0.1/Zhaodonglai.jpg","id":"8",
    "description":" 汉东省京州市公安局局长。
 看似直来直去，但却深谋远虑，智勇双全。
 为了保护正义的尊严，报着坚决整治恶势力的决心，
 在与检察部门的合作中从最初的质疑到之后的通力配合，展现出现代执法机构的反腐决心。",
    "url":"https://baike.baidu.com/item/%E8%B5%B5%E4%B8%9C%E6%9D%A5/20618212"},
{"name":"\n\n\n\n\n 陈岩石 ",
    "symbol":"http://127.0.0.1/Chenyanshi.jpg","id":"9",
    "description":" 离休干部、汉东省检察院前常务副检察长。
 充满正义感，平凡而普通的共产党人。对大老虎赵立春，以各种形式执着举报了十二年。
 在这场关系党和国家生死存亡的斗争中，老人家以耄耋高龄，义无反顾。",
    "url":"https://baike.baidu.com/item/%E9%99%88%E5%B2%A9%E7%9F%B3"},
{"name":"\n\n\n\n\n 李达康 ",
    "symbol":"http://127.0.0.1/Lidakang.jpg","id":"10",

```
    "description": "汉东省省委常委,京州市市委书记,是一个正义无私的好官。<br/> 但为人过于爱
惜自己的羽毛,对待身边的亲人和朋友显得过于无情。",
    "url":"https://baike.baidu.com/item/%E6%9D%8E%E8%BE%BE%E5%BA%B7"},
    {"name":"\n\n\n\n\n 沙瑞金 ",
    "symbol":"http://127.0.0.1/Sharuijin.jpg","id":"11",
    "description": "汉东省委书记。<br/> 刚至汉东便发生丁义珍出逃美国事件,又遇到大风厂案。
<br/> 深知汉东政治情况的沙瑞金支持侯亮平查案,要求他上不封顶。",
    "url":"https://baike.baidu.com/item/%E6%B2%99%E7%91%9E%E9%87%91"},
    {"name":"\n\n\n\n\n 欧阳菁 ",
    "symbol":"http://127.0.0.1/Ouyangjing.jpg","id":"12",
    "description": "是汉东省京州市城市银行副行长,京州市委书记李达康的妻子,后因感情不和离
婚。<br/> 她曾利用职务的便利贪赃枉法。",
    "url":"https://baike.baidu.com/item/%E6%AC%A7%E9%98%B3%E8%8F%81/20591822"},
    {"name":"\n\n\n\n\n 丁义珍 ",
    "symbol":"http://127.0.0.1/Dingyizhen.jpg","id":"13",
    "description": "英文名汤姆丁。汉东省京州市副市长兼光明区委书记。贪污腐败,逃往国外。",
    "url":"https://baike.baidu.com/item/%E4%B8%81%E4%B9%89%E7%8F%8D"},
    {"name":"\n\n\n\n\n 季昌明 ",
    "symbol":"http://127.0.0.1/Jichangming.jpg","id":"14",
    "description": "季昌明是汉东省省级检察院检察长。<br/> 清廉负责,为人正直,性格温和,但也
有些拘泥于教条。<br/> 对初到汉东省的侯亮平提供了极大的帮助,为破解案件起到了极大的作用。
",
    "url":"https://baike.baidu.com/item/%E5%AD%A3%E6%98%8C%E6%98%8E/20591901"},
    {"name":"\n\n\n\n\n 钟小艾 ",
    "symbol":"http://127.0.0.1/Zhongxiaoai.jpg","id":"15",
    "description": "侯亮平的妻子,中纪委调查组的委派员。",
    "url":"https://baike.baidu.com/item/%E9%92%9F%E5%B0%8F%E8%89%BE"},
    {"name":"\n\n\n\n\n 赵瑞龙 ",
    "symbol":"http://127.0.0.1/Zhaoruilong.jpg","id":"16",
    "description": "是副国级人物赵立春的公子哥,官二代,打着老子的旗子,<br/> 黑白两道通吃,
权倾一时。把汉东省搅得天翻地覆。",
    "url":"https://baike.baidu.com/item/%E8%B5%B5%E7%91%9E%E9%BE%99"}
]}
```

"Nodes.json"中包含了 name、symbol、id、description、url 等 5 个字段,其中 name 为影视人物中的角色姓名,symbol 为人物图片(为了效果裁剪为水平和垂直像素相等的方形图像),id 为人物编号,description 为人物角色简介,url 为该演员的百度百科词条信息。

"Relationships.json"内容如下:

```
{
"links": [
{"value": "[ 师生 ]","source": "0","target": "1"},
{"value": "[ 同门 ]","source": "0","target": "2"},
{"value": "[ 同学 & 挚友 ]","source": "0","target": "3"},
{"value": "[ 发小 ]","source": "0","target": "4"},
{"value": "[ 同事 ]","source": "0","target": "7"},
{"value": "[ 夫妻 ]","source": "0","target": "15"},
{"value": "[ 上下级 ]","source": "14","target": "0"},
{"value": "[ 师生 ]","source": "1","target": "2"},
{"value": "[ 师生 ]","source": "1","target": "3"},
{"value": "[ 情人 ]","source": "1","target": "6"},
{"value": "[ 上下级 ]","source": "1","target": "11"},
{"value": "[ 政敌 ]","source": "1","target": "10"},
{"value": "[ 情人 ]","source": "2","target": "5"},
{"value": "[ 同门 & 陷害 ]","source": "2","target": "3"},
{"value": "[ 上下级 ]","source": "2","target": "11"},
{"value": "[ 父子 ]","source": "3","target": "9"},
{"value": "[ 商业对手 ]","source": "4","target": "5"},
{"value": "[ 孪生姐妹 ]","source": "5","target": "6"},
{"value": "[ 上下级 ]","source": "8","target": "11"},
{"value": "[ 故交 ]","source": "9","target": "11"},
{"value": "[ 上下级 ]","source": "10","target": "11"},
{"value": "[ 夫妻 ]","source": "10","target": "12"},
{"value": "[ 上下级 ]","source": "13","target": "10"},
{"value": "[ 受贿关系 ]","source": "12","target": "4"},
{"value": "[ 利益关系 ]","source": "16","target": "2"},
{"value": "[ 利益关系 ]","source": "16","target": "5"}
]}
```

"Relationships.json" 中包含了 value、source、target 等 3 个字段，其中 value 为人物之间的关系，在可视化页面中显示在表示关系的箭头中间位置，source 和 target 中的数值对应于 "Nodes.json" 中的人物编号 id，设置 ..."source": "0", "target": "1"... 在可视化页面中显示为人物 "侯亮平" 和 "高育良" 之间的有向箭头。

示例 4.4 基于 ECharts 和 HTML5 Canvas 的《人民的名义》影片人物关系可视化："ECharts-Visualization-Renmin.html"。

```
<!DOCTYPE html>
<html style="height: 100%">
<title> 基于 ECharts 和 HTML5 Canvas 的《人民的名义》影片人物关系可视化 </title>
```

```html
<head>
  <meta name="viewport" content="width=device-width, initial-scale=1" />
  <script src="echarts.min.js"></script>
  <meta charset="utf-8">
  <style type="text/css">
    body {
      margin: auto;
      position: absolute;
      top: 0;
      left: 0;
      bottom: 0;
      right: 0;
    }
  </style>
</head>
<body style="height: 100%; margin: 0">
  选择节点：<input type="file" onchange="getNodes()" id="myNodes" />    <!-- 点击按钮加载外部节点 -->.
  选 择 边：<input type="file" onchange="getLinks()" id="myLinks" />    <!-- 点击按钮加载外部边 -->
  <div id="container" style="height: 100%" style="width:100px; height:100px; border-radius:50%; overflow:hidden;"></div>
  <script type="text/javascript">
    var dom = document.getElementById("container");
    var myChart = echarts.init(dom);
    //echarts 图表点击跳转到 url 所指向的百度百科词条
    myChart.on('click', function (params) {
      window.open(params.data.url,'_blank');
      }
    );
    var nodes=[];        // 节点
    function getNodes() {
      var reader = new FileReader();
      var file = document.getElementById("myNodes").files[0];
      reader.readAsText(file);
      reader.onload = function () {
        nodes=JSON.parse(this.result).nodes;
      }
      pubdata(nodes);
    }
```

```javascript
var links=[]; // 边
function getLinks() {
    var reader = new FileReader();
    var file = document.getElementById("myLinks").files[0];
    reader.readAsText(file);
    reader.onload = function () {
        links=JSON.parse(this.result).links;
    }
    pubdata(nodes);
}
function getImgData(imgSrc) {
    var fun = function (resolve) {
        const canvas = document.createElement('canvas');
        const contex = canvas.getContext('2d');
        const img = new Image();
        img.crossOrigin = '';
        img.onload = function () {
            center = {
                x: img.width / 2,
                y: img.height / 2
            }
            var diameter = img.width;
            canvas.width = diameter;
            canvas.height = diameter;
            contex.clearRect(0, 0, diameter, diameter);
            contex.save();
            contex.beginPath();
            radius = img.width / 2;
                        contex.ellipse(radius,radius,0.6*radius,0.8*radius,30*Math.PI/180,0,Math.PI*2);// 绘制椭圆
            contex.clip(); // 裁剪上面的圆形
             contex.drawImage(img, center.x – radius, center.y – radius, diameter, diameter, 0, 0,diameter, diameter); // 在刚刚裁剪的园上画图
            contex.restore(); // 还原状态
            resolve(canvas.toDataURL('image/png', 1))
        }
        img.src = imgSrc;
    }
    var promise = new Promise(fun);
    return promise
```

```
    }

    function pubdata(json) {
        var androidMap = json;
        var picList = [];
        for (var i = 0; i < androidMap.length; i++) {
            let p = getImgData(androidMap[i].symbol);
            picList.push(p);
        }
        Promise.all(picList).then(function (images) {
            for (var i = 0; i < images.length; i++) {
                var img = "image://" + images[i];
                console.log(img);
                androidMap[i].symbol = img;
            }
            option = {
                tooltip: {
                    formatter: function (x) {
                        return x.data.description;
                    }
                },
                series: [
                    {
                        edgeLabel: {"normal": {"formatter": "{c}","show": true}},
                        edgeSymbol: ["none","arrow"],// 本设置显示单向箭头；设置为 ["circle","arrow"]：起始点为圆形，结束点为箭头；设置为 ["arrow"] 时显示双向箭头：
                        force: {"repulsion": 2000},
                        layout: "force",
                        roam: true,
                        itemStyle: {"normal": {"color": "#6495ED"}},
                        label: {"normal": {"show": true,textStyle: {"color": "#0000FF"}}},
                        symbol: "circle",
                        symbolSize: 80,
                        type: "graph",
                        data: androidMap,
                        links: links
                    }]
            };
            myChart.setOption(option);
        })
```

```
    }
  </script>
</body>
</html>
```

在 Chrome 浏览器上打开示例 4.4 的网页 "ECharts-Visualization-Renmin.html"，分别点击页面上方的"选择节点："和"选择边："右侧的两个"浏览"按钮选择"Nodes.json"和"Relationships.json"文件后，可以看到如图 4.44 所示的人物关系可视化页面。

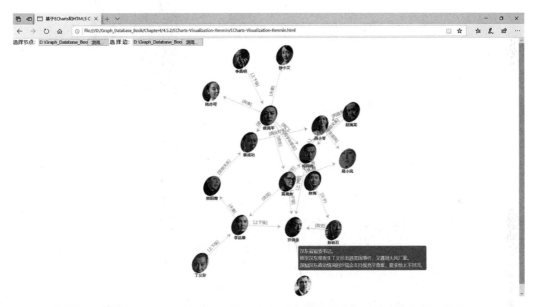

图 4.44　基于 ECharts 和 HTML5 Canvas 的《人民的名义》影视人物关系可视化页面

如图 4.44 所示，当鼠标停留在某个人物图片时会显示该角色在《人民的名义》中的简介。当点击"侯亮平"人物图片时，在浏览器的新标签页中将出现如图 4.45 所示的百度百科页面。

图 4.45 《人民的名义》中人物"侯亮平"的百度百科页面

三、Vis.js 可视化方案

Vis.js 是一款动态的、基于浏览器的可视化 JS 库,它作为封装好的函数库具有易用性好、处理大量动态数据、能操作数据和与数据进行交互等特点。Vis.js 库包括 DataSet、Timeline、Network、Graph2D 和 Graph3D 等组件。

访问 vis.js 官网(https://visjs.org/)[14],进入如图 4.46 所示的页面。

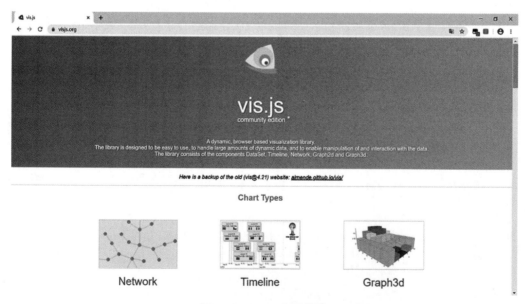

图 4.46 Vis.js 官网首页

Vis.js 的 DataSet 组件用于保存需要进行可视化展示的数据。Network 组件提供了多种实体节点和连接属性的样式，非常适合于网络拓扑、人物关系的可视化。

引用 vis.js 库文件后可以调用相关库函数进行可视化展示。从 https://cdnjs.cloudflare.com/ajax/libs/vis/4.21.0/vis.min.js 下载 JS 文件，从 https://cdnjs.cloudflare.com/ajax/libs/vis/4.21.0/vis.min.css 下载 CSS 样式文件。网站链接 https://github.com/almende/vis/archive/v4.21.0.zip 提供了有关示例和文档说明，便于研发可视化应用时参考。

```
<script type="text/javascript" src="vis.min.js"></script>
<!-- 引用 vis.js 库 -->
<link href="vis.min.css" rel="stylesheet" type="text/css">
<!-- 引用 CSS 样式 -->
```

在 HTML 页面中 "<head>...</head>" 的标签对内写入如上代码即可。

由于 Vis.js 库采用力导向图布局，配置 DataSet 组件中的节点和关系数据以及 Network 组件的相关参数可进行可视化展示。

本节运用 vis.js 库来实现《战狼 2》影片中主要人物关系的可视化。

参照 "http://pix1.tvzhe.com/guanxitu/LnKkMRSsL-.png?15" 链接提供的 "战狼 2 人物关系图"，从 "https://www.1905.com/mdb/film/2232669/performer/" 网站链接上下载人物图片到本地。如图 4.47 所示，以 "数字序号 – 人物角色" 对演员的图片进行了重命名，使用编号方便在网页中进行节点和关系的对应。所有图片位于网页所在目录的 images 子目录中。

图 4.47　下载到本地的《战狼 2》主要人物图片

示例 4.5 基于 Vis.js 的《战狼 2》影片人物关系可视化："VISJS-Visualization of Film Warriors2.html"。

```html
<!DOCTYPE html>
<html lang="en">
<head>
  <meta charset="UTF-8">
  <title>VISJS-Visualization of Film "Warriors2"</title>
  <script type="text/javascript" src="vis.min.js"></script>
<!-- 引用 vis.js 库 -->
  <link href="vis.min.css" rel="stylesheet" type="text/css">
<!-- 引用 CSS 样式 -->
<style type="text/css">
#DisplayArea1{
width:600px;
height:600px;
border:2px solid lightblue;
margin:0 auto;
}
</style>
</head>

<body onload="ShowAllNodesAndLinks()">

<div id="DisplayArea1">
</div>

<script type="text/javascript">
function ShowAllNodesAndLinks() {
var AllNodes=new vis.DataSet([
{id:1,shape: 'circularImage', image: "images/1-冷锋.jpg",label:" 冷锋 "},
{id:2,shape: 'image', image: "images/2-龙小云.jpg",label:" 龙小云 "},
{id:3,shape: 'image', image: "images/3-舰长.jpg",label:" 舰长 "},
{id:4,shape: 'image', image: "images/4-老爹.jpg",label:" 老爹 "},
{id:5,shape: 'image', image: "images/5-Rachel.jpg",label:"Rachel"},
{id:6,shape: 'image', image: "images/6-卓亦凡.jpg",label:" 卓亦凡 "},
{id:7,shape: 'image', image: "images/7-石青松.jpg",label:" 石青松 "},
{id:8,shape: 'image', image: "images/8-何建国.jpg",label:" 何建国 "},
{id:9,shape: 'image', image: "images/9-钱必达.jpg",label:" 钱必达 "},
])

var AllLinks=new vis.DataSet([
```

```
{from:1,to:2,label:" 爱人 ",arrows:{to:{enabled:false}}},
{from:1,to:7,label:" 领导 "},{from:2,to:7,label:" 领导 "},
{from:3,to:1,label:" 委派 "},
{from:1,to:4,label:" 敌对 ",arrows:{to:{enabled:false}}},
{from:1,to:5,label:" 相救后相知 ",arrows:{to:{enabled:false}}},
{from:1,to:6,label:" 并肩作战 ",arrows:{to:{enabled:false}}},
{from:6,to:5,label:" 喜欢 "},
{from:8,to:1,label:" 并肩作战 ",arrows:{to:{enabled:false}}},
{from:8,to:6,label:" 少爷 "},
{from:1,to:9,label:" 营救 "},
])

var ContentArea=document.getElementById("DisplayArea1");
var data={
nodes:AllNodes,
edges:AllLinks
}

var options={
  edges:{
            arrows:{
                    to:{ enabled:true }
                    }
                }
};

var GraphicDisplay=new vis.Network(ContentArea,data,options);
}
</script>
</body>
</html>
```

示例 4.5 的部分代码解释如下：

#DisplayArea1 定义了用于可视化展示的 600 像素 × 600 像素的显示区域。

"function ShowAllNodesAndLinks() {...}" 是主要代码部分，包括配置 ContentArea 数据集（AllNodes 节点和 AllLinks 关系的 JSON 数据）、options 参数以及 Network 组件。

1. AllNodes 节点的 JSON 数据包括 id、shape、image、label 等 4 个字段。其中 id 为人物编号；shape 为节点显示的样式：设置为 'circularImage' 时显示为圆形图片，设置为 'image' 时显示为矩形图片；image 为本地图片指向或网络图片链接；label 为显示在节点下方的名称。

2. AllLinks 关系的 JSON 数据包括 from、to、label 等 3 个必选字段和 1 个 arrows 可选字段、label 等 4 个字段。其中 from 表示源节点；to 表示目标节点；label 为显示在关系上的标签，用于说明关系的具体类别；arrows 用于指定关系的特殊连接效果，在默认情况下，arrows 的连接属性在 options 部分定义如下：

```
var options={
  edges:{
            arrows:{
                  to:{ enabled:true }
                  }
            }
};
```

此项设置表示在目标节点前增加箭头显示，应用于源节点和目标节点之间存在着单向关系的情形。

当源节点和目标节点存在着双向关系时，可以在 AllLinks 关系的 JSON 数据中再增加从原目标节点开始指向原源节点的 from、to、label 信息进行展示，但关系和标签显得比较冗余，因此采用 "arrows:{to:{enabled:false}}" 设置方式不显示箭头，即以无向连接方式来表示。

3. "var GraphicDisplay=new vis.Network(ContentArea,data,options);" 实现显示区域 DOM、ContentArea 数据集、options 参数的绑定。

在 Chrome 浏览器上打开示例 4.5 的网页 "VISJS–Visualization of Film Warriors2.html"，可以看到 600 像素×600 像素的浅蓝色边框画布上显示出《战狼 2》影片人物关系的可视化页面，如图 4.48 所示。

四、Springy.js 可视化方案

Springy.js 是有向图布局算法的 JavaScript 类库，具有易于展现关系、简洁明晰等特点。从 https://github.com/dhotson/springy 网站[15]下载 springy-master.zip，对该压缩包中的 demo.html 进行修改，可以很便捷地实现人物关系的可视化。访问 Springy.js 网站（http://getspringy.com/）[16]，进入图 4.49 所示的页面。

Springy.js 是轻量级的 JS 库，包括 springy.js 和 springyui.js 两个文件，代码量累计 1000 多行，总大小 30KB 左右。

```
<script src="jquery-1.8.3.min.js"></script>
<script src="springy.js"></script>
<script src="springyui1.js"></script>
```

图 4.48 基于 vis.js 的《战狼 2》影片人物关系可视化页面

在 HTML 页面中 "<head>...</head>" 的标签对内写入如上代码即可。

Springy.js 库也使用力导向图布局，在编写页面代码时对 graph 对象进行实例化，调用 graph.newNode()、graph.newEdge() 函数来设置节点和边（关系）的相关参数，用于开发图模型的可视化应用。

图 4.49 Springy.js 简介网站

图 4.50　下载到本地的《最美的青春》主要人物图片

本节运用 Springy.js 库来实现电视剧《最美的青春》主要人物关系的可视化。

参照"http://pix1.tvzhe.com/guanxitu/MBKrLBSnK=.png?1"链接提供的"最美的青春人物关系图",从豆瓣网站[17]页面"https://movie.douban.com/subject/27126973/celebrities"查看主演信息,并分别进入演员的图片链接页面下载主要人物的图片,将".webp"图片序列转换为".jpg",存放到如图 4.50 所示的"C:\inetpub\wwwroot\BeautifulYouth"目录下,便于通过"http://127.0.0.1/BeautifulYouth/*.jpg"链接访问本地 Web 服务器的图片。

人物关系可视化页面主要展示人物及关系:以节点方式显示人物图片,同时在图片的下方显示影片中人物角色姓名;以连线方式展示人物关系——当关系是双向(如"恋人"关系)时不绘制箭头,当关系是单向时绘制有向箭头,同时在关系连线上方标注关系详情。

示例 4.6　基于 Springy.js 的《最美的青春》电视剧人物关系可视化:"Springy-Visualization-Beautiful Youth.html"。

```
<html>
<head>
<script src="jquery-1.8.3.min.js"></script>
<script src="springy.js"></script>
<script src="springyui.js"></script>
<script>
```

```
var graph = new Springy.Graph();
var ImageHSize=100; var ImageWSize=70;
var imageA = new Image();
imageA.src = 'http://127.0.0.1/BeautifulYouth/冯程.jpg';
imageA.height=ImageHSize;  imageA.width=ImageWSize;
var imageB = new Image();
imageB.src = 'http://127.0.0.1/BeautifulYouth/覃雪梅.jpg';
imageB.height=ImageHSize;  imageB.width=ImageWSize;
var imageC = new Image();
imageC.src = 'http://127.0.0.1/BeautifulYouth/赵天山.jpg';
imageC.height=ImageHSize;  imageC.width=ImageWSize;
var imageD = new Image();
imageD.src = 'http://127.0.0.1/BeautifulYouth/孟月.jpg';
imageD.height=ImageHSize;  imageD.width=ImageWSize;
var imageE = new Image();
imageE.src = 'http://127.0.0.1/BeautifulYouth/于正来.jpg';
imageE.height=ImageHSize;  imageE.width=ImageWSize;
var imageF = new Image();
imageF.src = 'http://127.0.0.1/BeautifulYouth/李铁牛.jpg';
imageF.height=ImageHSize;  imageF.width=ImageWSize;
var node1 = graph.newNode({ label:' 冯程 ',image: imageA });
var node2 = graph.newNode({ label:' 覃雪梅 ',image: imageB });
var node3 = graph.newNode({ label:' 赵天山 ',image: imageC });
var node4 = graph.newNode({ label:' 孟月 ',image: imageD });
var node5 = graph.newNode({ label:' 于正来 ',image: imageE });
var node6 = graph.newNode({ label:' 李铁牛 ',image: imageF });
graph.newEdge(node1, node2, {label:' 恋人 ',color: '#00A0B0',directional:false});
<!-- 默认设置 "directional:true；" 表示单向关系，绘制箭头；设置 "directional:false" 表示双向关系，
用无向图表示：直接连线而不绘制箭头 -->
graph.newEdge(node1, node3, {label:' 教官 ',color: '#00A0B0'});
graph.newEdge(node1, node5, {label:' 场长 ',color: '#00A0B0'});
graph.newEdge(node1, node6, {label:' 舅舅 ',color: '#00A0B0'});
graph.newEdge(node2, node3, {label:' 教官 ',color: '#00A0B0'});
graph.newEdge(node2, node4, {label:' 同志 ',color: '#00A0B0'});
graph.newEdge(node4, node3, {label:' 教官 ',color: '#00A0B0'});
jQuery(function(){
    var springy = jQuery('#CharacterRelationShips').springy({graph: graph });
});
</script>
</head>
```

```
<body>
<div style="width:600px;margin:0 auto;">
    <canvas id="CharacterRelationShips" width="600" height="600" style="border:1px solid blue;"></canvas>
</div>
</body>
</html>
```

主要代码说明：

由于下载到本地的图片原始分辨率为 270×383，宽高比为 270/383 ≈ 0.7，因此设置 "var ImageHSize=100; var ImageWSize=70;" 也保持了 0.7 的比例系数，这样图片在缩小显示时不失真；

graph.newNode() 函数用来设置人物节点的标签和图片信息；

graph.newEdge() 函数用来设置关系的备注信息和颜色；

id="CharacterRelationShips" 定义了用于可视化展示的 600 像素 ×600 像素画布（Canvas）。

同时为了增强可视化效果，修改了原有的 "springyui.js" 并另存为 "springyui1.js"，所修改的代码及注释如下。

```
...
        var nodeFont = "18px Verdana, sans-serif"; // 将原有字体的 16 修改为 18 像素
        var edgeFont = "16px Verdana, sans-serif";// 将原有字体的 8 修改为 16 像素
...
    if (edge.data.label !== undefined) {
...
            ctx.fillText(text, 0,-16);// 将 -2 修改为 -16，由于 edgeFont 值增加而进行同步调整
            function drawNode(node, p) {
...
    // if (node.data.image == undefined) { 删除逻辑判断，可同时显示图片和标签
...
        ctx.fillStyle = (node.data.color !== undefined) ? node.data.color : "#FF0000";// 设置为红色
...
ctx.fillText(text, s.x - contentWidth/2+12, s.y - contentHeight/2+105);
// 设置演员姓名显示相对于节点中心位置的偏移量，便于显示在图片下方
                //} else {
                //}
                    ctx.restore();
            }
...
```

在 Chrome 浏览器上打开示例 4.6 的网页"Springy-Visualization-Beautiful Youth.html",可以看到在 600 像素 ×600 像素的蓝色边框画布上显示出《最美的青春》电视剧人物关系可视化页面,如图 4.51 所示。

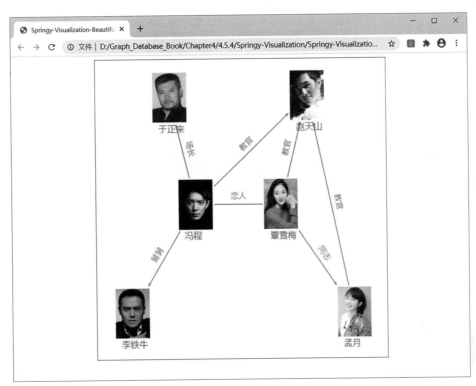

图 4.51　基于 Springy.js 的《最美的青春》电视剧人物关系可视化页面

本章所介绍的 4 种可视化 JS 库均支持人物图片、关系箭头和标签的显示,通过 Java API "嵌入式"或各种语言"驱动包式"可访问 Neo4j 获取查询的 JSON 数据,然后根据实际应用需求,按照可视化展现的元素和连接关系,调用本章所介绍的可视化 JS 库即可实现人物节点及关系的可视化。

五、Cytoscape 可视化方案

Cytoscape.js 是一款开源的、用于可视化和分析的图论(网络)JS 库,易于显示和操作交互图。Cytoscape.js 支持 Chrome、IE、Windows Edge 等桌面浏览器和 iPad 等设备上的移动浏览器。Cytoscape.js 支持许多不同的图论用例,包括有向图、无向图、混合图、环、多图、复合图(一种超图)等。

访问 Cytoscape.js 官网(https://js.cytoscape.org/)[18],进入如图 4.52 所示的页面。

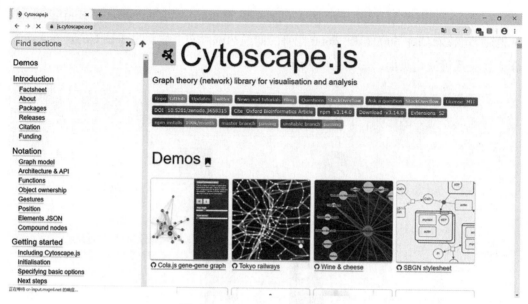

图 4.52　Cytoscape.js 官网首页

从图 4.52 可以看到，该页面左侧有说明文档的全文索引和栏目导航，方便用户快速学习了解相关方法和属性的使用；该页面右侧有大量基于图模型的示例，用户可在此基础上进行网络和人物关系等的可视化和分析。

采用本地文件方式引用 Cytoscape.js 并调用其封装的函数来开发相关网页应用。访问 github 网站 "https://github.com/cytoscape/cytoscape.js"[19] 下载 cytoscape.min.js 文件。

```
<script src="cytoscape.min.js"></script>
<!-- 引用 Cytoscape.js 库 -->
```

在 HTML 页面中 "<head>...</head>" 的标签内写入如上代码即可。

本节运用 Cytoscape.js 库实现《西虹市首富》影片中主要人物关系的可视化。

参照 "https://www.tvmao.com/movie/aiJbY2Zn/renwuguanxitu" 链接提供的 "西虹市首富关系图"，从 "https://www.1905.com/mdb/film/2243878/performer/" 网站链接上下载人物图片到本地。如图 4.53 所示，以 "数字序号 – 人物角色" 对演员的图片进行了重命名。使用编号方便在网页中进行节点和关系的对应。所有图片位于网页所在目录下的 images 子目录。

第四章 开发 Neo4j 应用系统的常用技术栈及示例　165

图 4.53　下载到本地的《西虹市首富》主要人物图片

示例 4.7 基于 Cytoscape.js 的《西虹市首富》影片人物关系可视化："CytoscapeJS-Visualization of Film Top Rich in Xihong City.html"。

```
<!DOCTYPE html>
<html>
<head>
<link href="style.css" rel="stylesheet" />
<meta charset=utf-8 />
<meta name="viewport" content="user-scalable=no, initial-scale=1.0, minimum-scale=1.0, maximum-scale=1.0, minimal-ui">
  <title> 基于 Cytoscape.js 的《西虹市首富》影片人物关系可视化 </title>
  <script src="jquery.min.js"></script>
  <script src="cytoscape.min.js"></script>
  <script>
    $(function(){
      cytoscape({
        container: document.getElementById('cy'),
                    boxSelectionEnabled: false,// 是否启用框选择；如果启用，用户必须按鼠标实现整个显示区域的平移
                    autounselectify: false,// 节点是否处于自动不允许被选择状态
                    autoungrabify: true,// 节点是否处于自动不允许被抓取状态
        style: [
          { selector: 'node[label = "First"]',
```

                    css: {'shape': 'ellipse','background-color': '#F5A45D', 'content': 'data(title)','background-image':'images/1-王 多 鱼.jpg','width':32,'height':32,'background-width': 32,'background-height': 32,'font-size':6,'color':'red','text-valign': 'bottom','text-halign': 'center'}
                },
                                { selector: 'node[label = "Second"]',
                    css: {'shape': 'round-rectangle','background-color': '#6FB1FC', 'content': 'data(title)','background-image':'images/2-金 先 生.jpg','width':32,'height':32,'background-width': 32,'background-height': 32,'font-size':6,'color':'red','text-valign': 'bottom','text-halign': 'center'}
                },
                                { selector: 'node[label = "Third"]',
                    css: {'shape': 'square','background-color': '#6FB1FC', 'content': 'data(title)','background-image':'images/3-柳 建 南.jpg','width':32,'height':32,'background-width': 32,'background-height': 32,'font-size':6,'color':'red','text-valign': 'bottom','text-halign': 'center'}
                },
                                { selector: 'node[label = "Fourth"]',
                    css: {'shape': 'star','background-color': '#6FB1FC', 'content': 'data(title)','background-image':'images/4-夏 竹.jpg','width':32,'height':32,'background-width': 32,'background-height': 32,'font-size':6,'color':'red','text-valign': 'bottom','text-halign': 'center'}
                },
                                { selector: 'node[label = "Fifth"]',
                    css: {'shape': 'hexagon','background-color': '#6FB1FC', 'content': 'data(title)','background-image':'images/5-二 爷.jpg','width':32,'height':32,'background-width': 32,'background-height': 32,'font-size':6,'color':'red','text-valign': 'bottom','text-halign': 'center'}
                },
                                { selector: 'node[label = "Sixth"]',
                    css: {'shape': 'octagon','background-color': '#6FB1FC', 'content': 'data(title)','background-image':'images/6-庄 强.jpg','width':32,'height':32,'background-width': 32,'background-height': 32,'font-size':6,'color':'red','text-valign': 'bottom','text-halign': 'center'}
                },
                                { selector: 'node[label = "Seventh"]',
                    css: {'shape': 'diamond','background-color': '#6FB1FC', 'content': 'data(title)','background-image':'images/7-高 然.jpg','width':32,'height':32,'background-width': 32,'background-height': 32,'font-size':6,'color':'red','text-valign': 'bottom','text-halign': 'center'}
                },
                { selector: 'edge',
                    css: {'content': 'data(relationship)',

```
                    'curve-style': 'bezier',
                    'source-arrow-shape': 'circle',

                    'target-arrow-shape': 'triangle',
                    'line-color': '#ffaaaa',
                    'target-arrow-color': '#ffaaaa',
                    'width': 1,'font-size':6,'color':'blue'}
        }
    ],
    elements: {
      nodes: [
        {data: {id: '1', title: ' 王多鱼 ', label: 'First'}},
        {data: {id: '2', title: ' 金先生 ', label: 'Second'}},
        {data: {id: '3', title: ' 柳建男 ', label: 'Third'}},
        {data: {id: '4', title: ' 夏竹 ', label: 'Fourth'}},
        {data: {id: '5', title: ' 二爷 ', label: 'Fifth'}},
        {data: {id: '6', title: ' 庄强 ', label: 'Sixth'}},
        {data: {id: '7', title: ' 高然 ', label: 'Seventh'}}
      ],
      edges: [
        {data: {source: '1', target: '4', relationship: ' 会计 | 喜欢 '}},
        {data: {source: '1', target: '7', relationship: ' 足球对手 '}},
        {data: {source: '1', target: '6', relationship: ' 好兄弟 '}},
        {data: {source: '1', target: '5', relationship: ' 二爷 '}},
        {data: {source: '5', target: '2', relationship: ' 代理人 '}},

        {data: {source: '2', target: '1', relationship: ' 考验 '}},
        {data: {source: '3', target: '1', relationship: ' 刻意讨好 '}},

        {data: {source: '4', target: '3', relationship: ' 男友 '}},
      ]
    },
    layout: { name: 'cose',directed: true,padding: 80,componentSpacing: 150}
  }
            );
});
```

```
            </script>
        </head>
<body>
    <div id="cy"></div>
</body>
</html>
```

示例 4.7 的部分代码解释如下：

页面的主要代码是调用 cytoscape.js 中的 "cytoscape()" 函数，指定有关图片、配置相关参数来实现人物关系的可视化。

"cytoscape()" 函数的常用选项如下：

```
var cy = cytoscape({
        container: ...,// 设置呈现图形的 HTML DOM 元素。
        style: [
            .selector('node')// 节点选择器
            .css( /*nodes options*/ )// 指定节点的样式
            .selector('edge')// 边（关系）选择器
            .css( /*edges options*/ ),// 指定边的样式
            ...]
        elements: [ /* ... */ ],// 设置节点和边的数据。
        layout: { name: 'cose' /* , ... */ },// 设置布局的选项。
```

为了展示不同人物节点，在 ".selector('node').css{...}" 中为节点设置了不同形状的图片，分别设置 "shape"，属性值为 "'ellipse'"，表示圆形；"'round-rectangle'"，圆角矩形；"'square'"，正方形；"'Star'"，星形；"'hexagon'"，正六边形；"'octagon'"，正八边形；"'diamond'"，菱形。同时指定 "'text-valign': 'bottom', 'text-halign': 'right'" 实现人物角色姓名显示于图片正下方。

为了展现人物节点之间的关系，在 { selector: 'edge',css: {... 'source-arrow-shape': 'circle','target-arrow-shape': 'triangle',...}} 代码段中设置了带方向箭头，指定了箭头的起端为圆形，末端为三角形。

在《西虹市首富》影片中，由沈腾扮演的王多鱼是主角，他与其他主演有很多关系和联系，因此设置 "layout: { name: 'cose',directed: true,padding: 80,componentSpacing: 150}" 使用 cose 布局进行物理模拟，男一号将自动排列在中心位置。

在 Windows Edge 浏览器上打开示例 4.7 的网页 "CytoscapeJS-Visualization of Film Top Rich in Xihong City.html"，可以看到如图 4.54 所示的《西虹市首富》影片人物关系可视化页面。

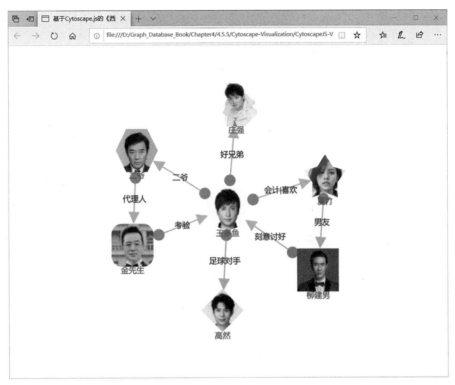

图 4.54　基于 Cytoscape.js 的《西虹市首富》影片人物关系可视化页面

六、THREE.JS 和 CANNON.JS 可视化方案

THREE.JS[20]是一款基于 WebGL 进行封装和简化、较为完善的开源 3D 引擎,被广泛使用。访问 https://github.com/mrdoob/three.js 网站,该项目提供了大量的示例和 three.js 库文件的下载,便于开发者进行适应性改造以满足具体的应用需求。THREE.JS 中文网(http://www.webgl3d.cn/)以网页导航的方式共享了文档、案例和相关参考资料。

CANNON.JS 作为一款轻量级 3D 物理引擎,其网站 https://github.com/schteppe/cannon.js 提供了 cannon.js 库文件的下载,支持 Node.js,便于创建 Web 应用和网页的部署。

本节综合运用 THREE.JS 和 CANNON.JS[21]、采用力导向图布局对《人民的名义》电视剧主要人物关系进行可视化。本代码是在 https://github.com/windschaser/force-three 提供的代码基础上进行了功能扩展:支持外部 JSON 文件的读取、人物关系的箭头绘制和名称的标注、人物图片作为纹理贴图的显示。

"data.json"用于设置需要展示人物节点及关系的相关信息,如下所示。其中 "nodes"用于保存人物节点信息,"name"字段是显示的人名,"texture"字段是该节点的人物图片链接;"links"用于保存关系信息,"source"字段是关系的源节点,"target"字段是关系的目标节点，"value" 字段是关系数值，"text" 字段是关系名称。

data.json 内容如下：

```
{
 "nodes": [
  { "name": " 侯亮平 ",
    "texture": "http://127.0.0.1/houliangping.jpg"},
  { "name": " 高育良 ",
    "texture": "http://127.0.0.1/Gaoyuliang.jpg"},
  { "name": " 祁同伟 ",
    "texture": "http://127.0.0.1/Qitongwei.jpg"},
  { "name": " 陈海 ",
    "texture": "http://127.0.0.1/Chenhai.jpg"},
  { "name": " 陈岩石 ",
    "texture": "http://127.0.0.1/Chenyanshi.jpg"}
 ],
 "links": [
  {
   "source": " 侯亮平 ",
   "target": " 高育良 ",
   "value": 1,
   "text": " 师生 "
  },
     {
   "source": " 高育良 ",
   "target": " 侯亮平 ",
   "value": 1,
   "text": " 师生 "
  },
     {
   "source": " 祁同伟 ",
   "target": " 高育良 ",
   "value": 1,
   "text": " 师生 "
  },
     {
   "source": " 高育良 ",
   "target": " 祁同伟 ",
   "value": 1,
   "text": " 师生 "
  },
  {
```

```
    "source": " 侯亮平 ",
    "target": " 祁同伟 ",
    "value": 0.5,
    "text": " 同门 "
},
        {
    "source": " 祁同伟 ",
    "target": " 侯亮平 ",
    "value": 0.5,
    "text": " 同门 "
},
{
    "source": " 侯亮平 ",
    "target": " 陈海 ",
    "value": 1,
    "text": " 同门 & 挚友 "
},
        {
    "source": " 陈海 ",
    "target": " 侯亮平 ",
    "value": 1,
    "text": " 同门 & 挚友 "
},
{
    "source": " 陈海 ",
    "target": " 高育良 ",
    "value": 1,
    "text": " 师生 "
},
        {
    "source": " 高育良 ",
    "target": " 陈海 ",
    "value": 1,
    "text": " 师生 "
},
{
    "source": " 陈岩石 ",
    "target": " 陈海 ",
    "value": 1,
    "text": " 父子 "
```

```
    },
        {
      "source": "陈海",
      "target": "陈岩石",
      "value": 1,
      "text": "父子"
    },
        {
      "source": "陈海",
      "target": "祁同伟",
      "value": 0.5,
      "text": "同门"
    },
        {
      "source": "祁同伟",
      "target": "陈海",
      "value": 0.5,
      "text": "同门"
    }
  ]
}
```

在 Node.js 环境下安装 webpack 等依赖包,并启动 Web 服务器应用通过网页方式进行可视化。

1. 执行 "npm install" 命令

在命令行窗口运行 "npm install" 命令,安装相关依赖包,执行结果如图 4.55 所示。

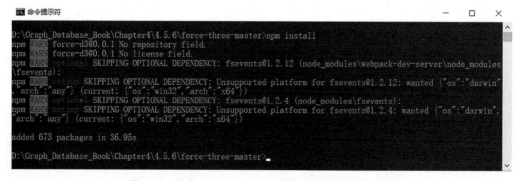

图 4.55 运行 "npm install" 命令安装依赖包的结果

2. 执行 "npm run start" 命令

在命令行窗口运行 "npm run start" 命令,Node.js 开启 Web 服务器应用,执行结果如图 4.56 所示，同时启动 Microsoft Edge 浏览器，在地址栏上以"http://localhost:8080/"链接方式打开了如图 4.57 所示的可视化页面。

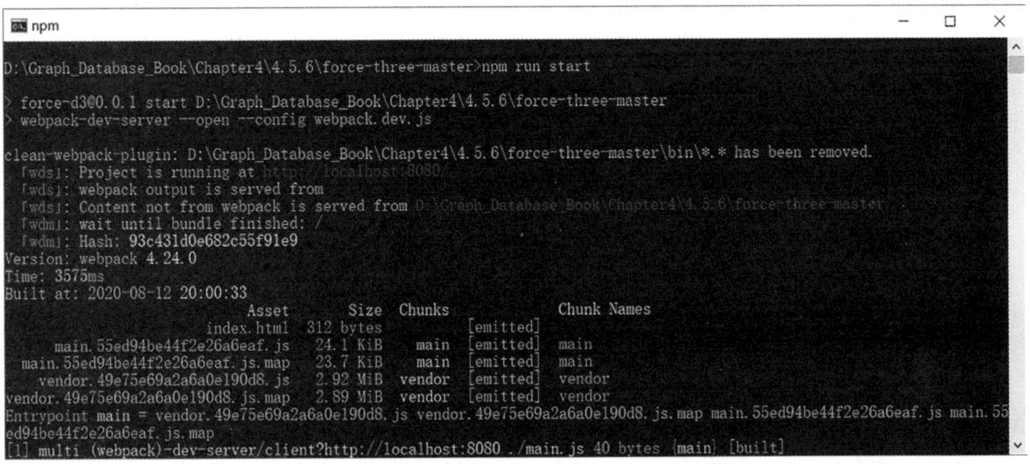

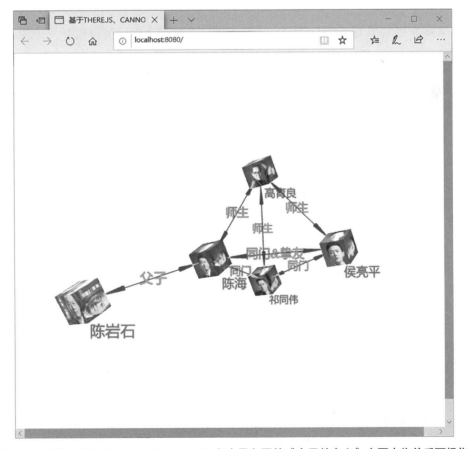

图 4.56　运行"npm run start"命令的结果

图 4.57　基于 THERE.JS、CANNON.JS 和力导向图的《人民的名义》主要人物关系可视化

如图 4.57 所示，该页面通过 THREE.JS、CANNON.JS 和力导向图实现了可视化效果。通过读取 data.json 中的各字段信息，人物节点采用带有演员照片贴图的立方体表示，关系采用包含关系名称的蓝色箭头表示；在该页面可以通过鼠标左键进行节点的拖拽、全方位整体的旋转，通过鼠标中间滚轮进行缩放，展现出立体透视效果；侯亮平、陈海、高育良、祁同伟等 4 个人物两两之间都存在着相互关系，在页面中人物节点呈现为正四棱锥的拓扑连接状态。

第六节　基于 JavaScript 和 D3.js 的 Neo4j 数据可视化网页应用开发及运行示例

从第五节所述的 Neo4j 可视化方案中可以看到，Java API 原生态开发具有执行效率高和 Neo4j 兼容性好的优点。基于 JS 的网页应用有丰富函数库的支持，使可视化的定制和二次开发更加便捷。

本节将介绍基于 JavaScript 和 D3.js 的 Neo4j 数据可视化网页应用开发，并展示电视剧《娘亲舅大》人物及关系可视化的运行示例。

一、基于 JavaScript 和 D3.js 的 Neo4j 数据可视化网页应用架构

图 4.58 给出了基于 JavaScript 和 D3.js 的 Neo4j 数据可视化网页应用架构。

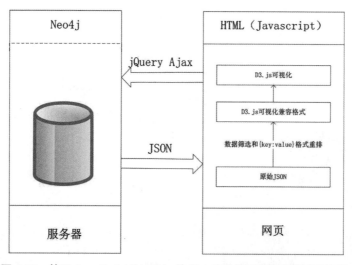

图 4.58　基于 JavaScript 和 D3.js 的 Neo4j 数据可视化网页应用架构

如图 4.58 所示，基于 JavaScript 的网页开发采用 Neo4j 应用开发的"服务器/客

户端"模式，网页通过 jQuery Ajax 访问 Neo4j 图数据库，获取从 Neo4j 通过 REST API 接口返回的 JSON 格式数据，并根据数据需求对该 JSON 格式数据进行数据筛选和 {key:value} 格式重排，生成 D3.js 兼容的 JSON 格式后进行可视化。

D3.js 兼容的 JSON 格式示例如下：

```
{
"nodes":
[
  { "id":1185,"name":" 侯亮平 ","image":"http://127.0.0.1/Houliangping.jpg" },
  { "id":1128,"name":" 陆亦可 ","image":"http://127.0.0.1/Luyike.jpg" },
  { "id":1020,"name":" 陈海 ","image":"http://127.0.0.1/Chenhai.jpg" }
],
"edges":
[
  { "type":"Friends","startNode":1185,"endNode":1128},
  { "type":" 朋友 ","startNode":1128,"endNode":1020 },
  { "type":"Friends","startNode":1020,"endNode":1128 },
  {"type":" 朋友 ","startNode":1128,"endNode":1185 },
  { "type":"Friends","startNode":1185,"endNode":1020},
  { "type":" 朋友 ","startNode":1020,"endNode":1185 }
]
}
```

人物节点信息从 "nodes" 对象中获取，其中，姓名、图片分别从 "name" 键、"image" 键对应的值读取，设置该属性值为网络 URL 即可实现人物节点中图片的显示；关系信息从 "edges" 对象中获取，其中，类型、起始节点、末端节点分别从 "type" 键、"startNode" 键、"endNode" 键对应的值读取。

二、基于 JavaScript 和 D3.js 的 Neo4j 数据可视化网页应用

根据如图 4.58 所示的架构，设计并实现了网页应用。该应用 "JS-Neo4j-D3-Visualization Application.html" 的代码如下。

```
<!--
本应用参考借鉴的代码：
https://github.com/eisman/neo4jd3
https://github.com/micwan88/d3js-neo4j-example
-->
<!DOCTYPE html>
<html>
```

```html
<head>
    <meta charset="utf-8">
    <title> 基于 JavaScript+D3.js 的 Neo4j 数据可视化网页应用 </title>
        <style>
            .nodetext {
                    font-size: 12px ;
                    font-family: SimSun;
                    fill:red;
            }
            .linetext {
                    font-size: 12px ;
                    font-family: SimSun;
                    fill:#1f77b4;
            }
            .circleImg {
                stroke: #ff7f0e;
                stroke-width: 1.5px;
            }
            path{
                    fill: #0000FF;  // 设置路径（箭头）的填充颜色为蓝色
                    stroke: #666;   // 设置边框的颜色
                    stroke-width: 1.5px;
            }
        </style>
</head>
    <body>
        <div class="container-fluid">
            <div class="row">
                <div class="col col-12 col-md-12 form-inline">
                    <input type="text" class="form-control form-control-sm" size="40px" id="queryText" placeholder="Node Name" />
                    <button type="button" class="btn btn-outline-primary btn-sm" id="btnSend">
                        <i class="fa fa-check" aria-hidden="true"></i> 查询  
                    </button>  
                    <input class="form-check-input" type="checkbox" id="chkboxCypherQry" value="1" />
                    <label class="form-check-label" for="chkboxCypherQry"> 使用 Cypher 查询 </label>
                </div>
```

```html
                </div>
                <div id="column1" style="background-color: #e3e3e3;float:left;width:80%"></div>
                <div id="column2" style="background-color :gray;float:left;width:10%"></div>
                <div id="column3" style="background-color: blue;float:left;width:10%"></div>
            </div>
<script src="js/test.js"></script>
<script src="js/jquery-3.4.1.min.js" charset="utf-8"></script>
<script src="js/d3.v3.min.js" charset="utf-8"></script>
<script src="js/d3js-example-neo4j.js"></script>
<script>
    // 定义连接 Neo4j 数据库地址和账号的变量
    var neo4jAPIURL = 'http://localhost:7474/db/data/transaction/commit';
    var neo4jLogin = 'neo4j';// 设置用户名
    var neo4jPassword = '123456';// 设置密码
        var D3DrawingFlag=false;
        // 定义用于保存和处理 Neo4j 返回数据的变量
        var D3_Data=null;
        var D3_JSON_Data=null;
        var Neo4jJSONData=null;
/* 通过 jQuery Ajax 请求的 Cypher 查询函数 */
function submitQuery(nodeID) {
  var queryStr = null;
  if (nodeID == null || !nodeID) {
   queryStr = $.trim($('#queryText').val());
   if (queryStr == '') {
     return;
   }
   if ($('#chkboxCypherQry:checked').val() != 1)
     queryStr = 'match (n) where n.name =~ \'(?i).*' + queryStr + '.*\' return n';
  } else
   queryStr = 'match (n)-[j]-(k) where id(n) = ' + nodeID + ' return n,j,k';
  if (nodeID == null || !nodeID) {
   nodeItemMap = {};
   linkItemMap = {};
  }
   var jqxhr = $.post(neo4jAPIURL, '{"statements":[{"statement":"' + queryStr + '", "resultDataContents":["graph"]}]}',
     function(data) {
```

```
                        D3DrawingFlag=true;
                        Neo4jJSONData=data;
                        GetData(Neo4jJSONData);//GetData() 函数处理 JSON 数据
    if (data.errors != null && data.errors.length > 0) {
      return;
    }
    if (data.results != null && data.results.length > 0 && data.results[0].data != null && data.results[0].data.length > 0) {
      var neo4jDataItmArray = data.results[0].data;
      neo4jDataItmArray.forEach(function(dataItem) {
        // 节点
        if (dataItem.graph.nodes != null && dataItem.graph.nodes.length > 0) {
          var neo4jNodeItmArray = dataItem.graph.nodes;
          neo4jNodeItmArray.forEach(function(nodeItm) {
            if (!(nodeItm.id in nodeItemMap))
              nodeItemMap[nodeItm.id] = nodeItm;
          });
        }
        // 边（关系）
        if (dataItem.graph.relationships != null && dataItem.graph.relationships.length > 0) {
          var neo4jLinkItmArray = dataItem.graph.relationships;
          neo4jLinkItmArray.forEach(function(linkItm) {
            if (!(linkItm.id in linkItemMap)) {
              linkItm.source = linkItm.startNode;
              linkItm.target = linkItm.endNode;
              linkItemMap[linkItm.id] = linkItm;
            }
          });
        }
      });
      console.log('nodeItemMap.size:' + Object.keys(nodeItemMap).length);
      console.log('linkItemMap.size:' + Object.keys(linkItemMap).length);
                        console.log("nodeItemMap is:"+nodeItemMap);
                        console.log("linkItemMap is:"+linkItemMap);
      return;
    }
  }, 'json');
  jqxhr.fail(function(data) {
  });
}
```

```javascript
/* 页面初始化函数 */
$(function() {
  setupNeo4jLoginForAjax(neo4jLogin, neo4jPassword);
  $('#queryText').keyup(function(e) {
    if(e.which == 13) {
      submitQuery();
    }
  });
  $('#btnSend').click(function() {submitQuery()});
  $('#chkboxCypherQry').change(function() {
    if (this.checked)
      $('#queryText').prop('placeholder', 'Cypher');
    else
      $('#queryText').prop('placeholder', 'Node Name');
  });
});
/*Neo4j 格式到 D3.js 可视化兼容格式转换函数 */
function GetData(Neo4jJSONData)
{
        // 处理 Neo4j 返回的 JSON 数据并作为 D3.js 可视化的数据源
        var D3_Data=neo4jDataToD3Data(Neo4jJSONData);
        console.log("D3 Array:"+D3_Data);
        var D3_JSON_Data=JSON.stringify(D3_Data);
                        console.log("D3 Array:"+D3_JSON_Data);
if (D3_JSON_Data!="null")
        //1. 遍历数组获取对象
        var MyJSONA=[];
        var MyJSONC=[];
        var varId=0, varName=null,varImage=null;
        var Nodefound=false;
        for(var i = 0;i < D3_Data.nodes.length;i = i + 1){
                var DataNodeRow = D3_Data.nodes[i];
                for (var key in DataNodeRow){
                   Nodefound=true;
                   if (key=="id") varId=eval(DataNodeRow[key]);
                        //console.log(t[key]);
                        var DataNodeRowChild = D3_Data.nodes[i].properties;
                //2. 循环遍历对象的键来取值
                for(var key in DataNodeRowChild){
                   if (key=="name") varName=DataNodeRowChild[key];
```

```
                        if (key=="image") varImage=DataNodeRowChild[key];
                }
            }
            if (Nodefound)    {
                MyJSONA.push({id: varId, name: varName,image:varImage});
             }
        }
            console.log(MyJSONA);
// 遍历 JSON 数据，提取所需字段，重新封装为 JSON 对象用于 D3.js 可视化
    var varId=0, varName=null,varImage=null;
    var Edgefound=false;
    for(var j = 0;j < D3_Data.relationships.length;j++){
            var DataEdgeRow = D3_Data.relationships[j];
            for (var key in DataEdgeRow){
                    Edgefound=true;
                    if (key=="type") var vartype=DataEdgeRow[key];
                    if (key=="startNode") var varstartNode=eval(DataEdgeRow[key]);
                    if (key=="endNode") var varendNode=eval(DataEdgeRow[key]);
            }
        if (Edgefound)    {
           MyJSONC.push({type: vartype, source: varstartNode,target:varendNode,startNode: varstartNode,endNode:varendNode});
          }
        }
    var D3RawJSON =JSON.stringify({"nodes":MyJSONA,"edges":MyJSONC});
    var D3RawJSONArray= $.parseJSON(D3RawJSON);
    for (var t=0;t<D3RawJSONArray.edges.length;t++)
      {
            for (var k=0;k<D3RawJSONArray.nodes.length;k++)
                    {
                        if (parseInt(D3RawJSONArray.nodes[k].id)==D3RawJSONArray.edges[t].startNode)
                            D3RawJSONArray.edges[t].source=k;
                            else
       if (parseInt(D3RawJSONArray.nodes[k].id)==D3RawJSONArray.edges[t].endNode)
                            D3RawJSONArray.edges[t].target=k;
                    }
           }
  console.log(D3RawJSONArray);
      var D3FormattedJSON =JSON.stringify(D3RawJSONArray);
```

```
          console.log(D3FormattedJSON);
                VisualizationWithD3(D3FormattedJSON);
                }
/*D3.js 可视化函数 */
function VisualizationWithD3(D3FormattedJSON)
{
// 将格式化后的 JSON 数据赋给 root 对象进行 D3.js 可视化
root = JSON.parse(D3FormattedJSON);
          if (D3DrawingFlag)
          {
               //D3 可视化 –Start
     var width = 600;
     var height = 600;
     var img_w = 77;
     var img_h = 80;
     var radius = 60;    // 圆形半径
     var svg = d3.select("body").append("svg")
                  .attr("width",width)
                  .attr("height",height);
                          console.log("root.nodes:"+root.nodes);
                          console.log("root.edges:"+root.edges);
          //D3 力导向布局
          var force = d3.layout.force()
                    .nodes(root.nodes)
                    .links(root.edges)
                    .size([width,height])
                    .linkDistance(220)
                    .charge(-1500)
                    .start();
               // 箭头绘制
               var defs = svg.append("defs");
               var radius=10;
               var arrowMarker = defs.append("marker")
                              .attr("id","arrow")
                              .attr("markerUnits","strokeWidth")
                              .attr("viewBox", "0 -5 10 10")// 相对坐标系的区域：从（0,-5)为起点，宽度和高度均为 10 个像素
                              .attr("refX",60)// 箭头坐标
                              .attr("refY", -0.5)
```

```
                                    .attr("markerWidth", 6)// 标识的大小
                                    .attr("markerHeight", 6)
                                    .attr("orient", "auto")// 自动确定绘制方向和角度
                  var arrow_path = "M0,-5 L10,0 L0,5";
                  arrowMarker.append("path")
                                    .attr("d",arrow_path);
                  var color=d3.scale.category20();
                  var path = svg.selectAll("line")
                                    .data(root.edges)
                                    .enter()
                                    .append("line")
                                    .attr("id", function(d,i) {
                                        return "edgepath" +i;
                                    })
                                    .attr("class","edges")
                                    .style("stroke","#00FFFF")  // 设置连线的颜色为青色 .
style("stroke-width",2)
                                    .attr("marker-end","url(#arrow)");
                  // 边上的文字（人物之间的关系）
                  var pathtext = svg.selectAll('.linetext')
                                    .data(root.edges)
                                    .enter()
                                    .append("text")
                                    .attr("class","linetext")
                                    .text(function(d) { return d.type; });

         // 椭圆图片节点（人物头像）
         var nodes_img = svg.selectAll("image")
                  .data(root.nodes)
                  .enter()
                  .append("ellipse")  // 椭圆节点
                  .attr("class", "circleImg")
                  .attr("rx", 50)
                  .attr("ry",60)
                  .attr("fill", function(d, i){
                      // 设置图片显示位置等相关参数
                      var defs = svg.append("defs").attr("id", "imgdefs")
                      var Char_Avatar = defs.append("pattern")
                                    .attr("id", "Char_Avatar" + i)
                                    .attr("height", 1)
```

```
                    .attr("width", 1)
                Char_Avatar.append("image")
                    .attr("x", – (img_w/2 – radius))
                    .attr("y", – (img_h/2 – radius))
                    .attr("width", img_w+75)
                    .attr("height", img_h+115)
                    .attr("xlink:href",d.image);
                return "url(#Char_Avatar" + i + ")";
            })
            .call(force.drag);
    var text_dx = –20;
    var text_dy = 35;
    var nodes_text = svg.selectAll(".nodetext")
            .data(root.nodes)
            .enter()
            .append("text")
            .attr("class","nodetext")
            .attr("dx",text_dx)
            .attr("dy",text_dy)
            .text(function(d){
                return d.name;
            });
    force.on("tick", function(){
        // 限制结点的边界
        root.nodes.forEach(function(d,i){
            d.x = d.x – img_w/2 < 0     ? img_w/2 : d.x ;
            d.x = d.x + img_w/2 > width ? width – img_w/2 : d.x ;
            d.y = d.y – img_h/2 < 0     ? img_h/2 : d.y ;
            d.y = d.y + img_h/2 + text_dy > height ? height – img_h/2 – text_dy : d.y ;
        });
        // 更新连接线的位置
        path.attr("x1",function(d){ return d.source.x; });
        path.attr("y1",function(d){ return d.source.y; });
        path.attr("x2",function(d){ return d.target.x; });
        path.attr("y2",function(d){ return d.target.y; });
        // 更新连接线上文字的位置
        pathtext.attr("x",function(d){ return (d.source.x + d.target.x) / 2 ; });
        pathtext.attr("y",function(d){ return (d.source.y + d.target.y) / 2 ; });
        // 更新结点图片和文字
        nodes_img.attr("cx",function(d){ return d.x });
```

```
              nodes_img.attr("cy",function(d){ return d.y });
              nodes_text.attr("x",function(d){ return d.x });
              nodes_text.attr("y",function(d){ return d.y + img_w/2; });
         });
       }
    }
  </script>
 </body>
</html>
```

本应用使用了 jQuery.js 和 D3.js 库，包含如下 4 个函数：

1. submitQuery()

通过 jQuery Ajax 请求 Cypher 查询，获取返回的 JSON 数据；

2. $(function())

用于页面的初始化，设置页面 DOM 元素；

3. GetData()

转换从 Neo4j 返回的 JSON 数据格式为 D3 可视化所需的兼容格式，主要包括：

（1）通过循环遍历 JSON 中的数据 {key:value}，筛选所需数据，重排格式，生成 D3.js 可视化的元素项；

（2）Neo4j 中导出的节点 id 是数据库自动分配的，如"1008"这样的数值无法作为 ID 直接应用到 D3.js 进行关系的绘制，直接传入 D3.js 运行时会报错，为此，将关系中的起始节点编号（start）和末端节点编号（target）替换为该节点在 JSON 数据项的序号，这样 start、target 的值域为 [0,array(nodes).length]，保证了节点关系的正常绘制；

4. VisualizationWithD3()

将格式化转换后的 JSON 对象作为数据源，调用 D3.js 库进行可视化。

三、Neo4j 数据可视化网页应用运行示例

为了使用本网页应用展示人物节点及关系的可视化，首先需要在 Neo4j 中创建节点和关系数据。

参照 "https://www.tvmao.com/drama/JF9mX2Bq/renwuguanxitu" 链接提供的 "娘亲舅大人物关系图"，从豆瓣网站页面 "https://movie.douban.com/subject/27186571/celebrities" 查看主演信息，并分别进入演员的图片链接页面下载主要人物的图片，将 ".webp" 图片序列转换为 ".jpg"，从 "https://www.tvmao.com/character/YGlxJmFm" 链接下载林傲霏（佟家良扮演者）的图片。以"人物角色"姓名的汉语拼音全拼对演员的图片进行了重命名，存放到如图 4.59 所示的 "C:\inetpub\wwwroot\MotherAndUncle"

目录下，便于通过"http://127.0.0.1/MotherAndUncle/*.jpg"链接访问本地 Web 服务器的图片。

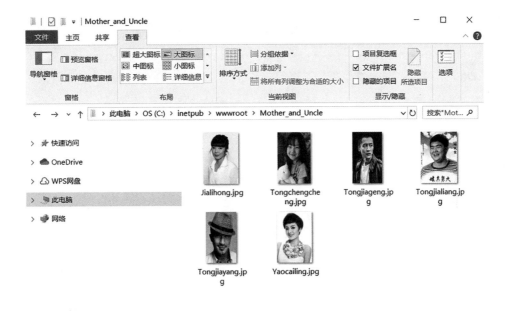

图 4.59 下载到本地的《娘亲舅大》主要人物图片

Cypher 作为声明式语言，支持关系串联的方式一次性创建多条关系。如果节点之间存在双向关系时，只在首次创建该关系时标注类型，避免在网页应用进行可视化显示关系时出现冗余信息。

在 Neo4j 浏览器页面执行如下 Cypher 语句，创建《娘亲舅大》电视剧的主要人物及关系。

CREATE (a:ActorA {name:" 佟　家　庚 ",image:"http://127.0.0.1/Mother_and_Uncle/Tongjiageng.jpg"}),(b:ActorB {name:" 佟　家　阳 ",image:"http://127.0.0.1/Mother_and_Uncle/Tongjiayang.jpg"}),(c:ActorC {name:" 佟　家　良 ",image:"http://127.0.0.1/Mother_and_Uncle/Tongjialiang.jpg"}),(d:ActorD {name:" 佟　程　程 ",image:"http://127.0.0.1/Mother_and_Uncle/Tongchengcheng.jpg"}),(e:ActorE {name:" 贾丽红 ",image:"http://127.0.0.1/Mother_and_Uncle/Jialihong.jpg"}),(f:ActorF {name:" 姚 彩 玲 ",image:"http://127.0.0.1/Mother_and_Uncle/Yaocailing.jpg"}),(b)<-[r1:` 二 舅 `]-(d)-[r2:` 大舅 `]->(a)-[r3:` 夫妻 `]->(e)-[r4:` 闺蜜 `]->(f)-[r5:` 相爱但没能在一起 `]->(a)<-[r6:` `]-(e)<-[r7:` `]-(f)<-[r8:` `]-(a),(d)-[r9:` 三舅 `]->(c)

在 Neo4j 浏览器页面执行完上述语句后的返回结果如图 4.60 所示。

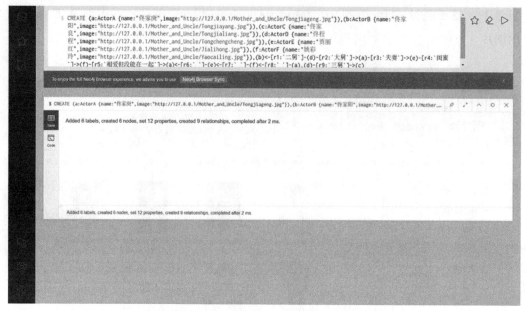

图 4.60　创建《娘亲舅大》电视剧中主要人物及关系的 Cypher 语句返回结果

以电视剧中人物角色佟家庚、佟程程为中心查找关系可以覆盖所有的角色。

执行 Cypher 语句：

MATCH (n)–[r]–(m) WHERE n.name=' 佟程程 ' or n.name=' 佟家庚 ' RETURN n,m,r

在 Neo4j 浏览器页面执行完上述语句后的返回结果如图 4.61 所示。

在 Chrome 浏览器打开网页应用"JS-Neo4j-D3-Visualization Application.html"，在页面左上方勾选"使用 Cypher 查询"，同时在编辑框内输入如下 Cypher 语句：

MATCH (n)–[r]–(m) WHERE n.name=' 佟程程 ' or n.name=' 佟家庚 ' RETURN n,m,r

点击"查询"按钮，可以看到如图 4.62 所示的可视化效果。

对比图 4.61 的查询结果图，本网页应用支持人物图片和姓名的同时显示，拓展了展示效果，在显示影视剧人物及关系上更加直观和明晰。

本网页应用提供了通过 Neo4j 的数据查询进行人物节点及关系的可视化，具有可定制和易于二次开发等特点；参照本网页应用，可使用 ECharts、Cyptoscape 等 JS 库结合元素显示需求，并通过 JSON 来驱动 DOM 进行可视化。

第四章 开发 Neo4j 应用系统的常用技术栈及示例 187

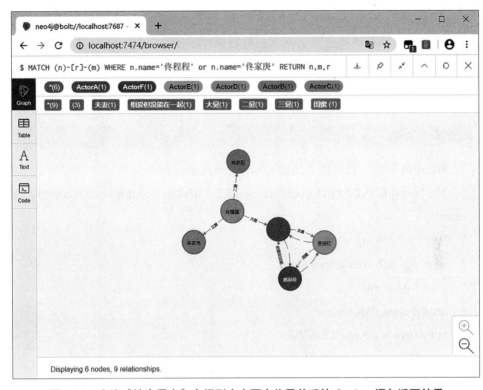

图 4.61 查询《娘亲舅大》电视剧中主要人物及关系的 Cypher 语句返回结果

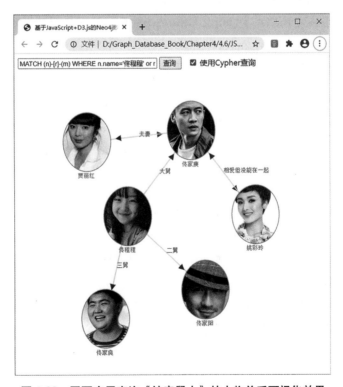

图 4.62 网页应用查询《娘亲舅大》的人物关系可视化效果

本章首先介绍了开发 Neo4j 应用的技术栈，然后分别给出了 Java API "嵌入式"和 JavaScript、Python "驱动包式"访问 Neo4j 数据库的示例，进一步以影视剧人物及关系为例，给出了几种典型 JS 库的可视化方案，最后展示了基于 JavaScript 和 D3.js 的 Neo4j 数据可视化网页应用开发及示例。

本章参考文献

［1］Postman 官网［EB/OL］. https://www.postman.com/.

［2］The Neo4j REST API Documentation v3.5［EB/OL］. https://neo4j.com/docs/rest-docs/current/.

［3］http://py2neo.org/v3/.

［4］https://github.com/jexp/cy2neo.

［5］https://d3js.org/.

［6］https://www.d3js.org.cn/.

［7］https://www.w3.org/TR/SVG.

［8］https://www.w3.org/TR/SVG/paths.html#TheDProperty.

［9］https://www.w3.org/TR/SVG/shapes.html#EllipseElement.

［10］echarts 官网［EB/OL］. https://echarts.baidu.com/.

［11］html5 教程［EB/OL］. https:/https://www.w3school.com.cn/html5/index.asp

［12］http://html5index.org/index.html.

［13］李春芳，石民勇. 数据可视化原理与实例［M］. 北京：中国传媒大学出版社，2018.

［14］vis.js 官网［EB/OL］. https://visjs.org/.

［15］https://github.com/dhotson/springy.

［16］http://getspringy.com.

［17］https://movie.douban.com/.

［18］Cytoscape.js 官网［EB/OL］. https://js.cytoscape.org/.

［19］https://github.com/cytoscape/cytoscape.js.

［20］吴亚峰，于复兴，索依娜. H5 和 WebGL 3D 开发实战详解［M］. 北京：人民邮电出版社，2017.

［21］三维力导向图绘制（2）：真·三维力导向图［EB/OL］. https://zhuanlan.zhihu.com/p/49438167.

第五章
影视人物关系编辑系统开发及应用示例

目前在网站上发布的影视人物关系图多侧重于对剧本的最终产品——影视剧的展示。对于已经上映的影视剧，采用如第四章所述的可视化方案，设置包含人物节点及关系信息的 JSON 数据或运行可视化网页应用均可实现影视剧中人物及关系的可视化，便于观众快速了解影视剧情。

如何能在剧本创作环节，采用用户界面友好、便捷的工具构建人物关系图，用于指导编剧设计人物角色、梳理人物脉络、推演剧情场景成为大数据和互联网时代辅助编剧提高剧本生产率的迫切需求之一。

国外用于戏剧影视编剧的软件有 Script Perfection 公司的 Power Structure 和 Power Writer，分别用于剧本的构思和大纲写作即设计（包括戏剧、电影、电视剧等）的结构、剧本写作[1]。Power Structurer 软件在"Characters（人物设计）"选项支持人物角色的文本描述，不能对人物节点及关系进行可视化和编辑。剧云（原云编剧）是一款专业的中文在线剧本创作和影视项目智能化信息管理平台，拥有剧本在线写作、浏览、剧本大纲、人物小传、索引卡、项目排期、大计划、通告管理、影视项目协作等功能[2]。该款软件支持对剧本人物关系的自定义创建，为剧本的在线创作提供了很大便利，但在人物关系的绘制功能上缺乏细节上的完善，如不支持节点的图像设置、交互性欠佳、未提供对人物节点及关系的量化分析等。

为此，本章介绍一款影视人物关系编辑系统的开发及应用示例。本系统在页面可视化上基于 vis.js 库和力导向图布局，在量化分析上运用复杂网络理论并调用 Neo4j 的 Algo、Apoc 算法包对人物关系网络进行计算。本系统在设计上考虑到最大限度地降低用户的技术知识门槛，支持人物节点及关系创建的"从零起步"，根据创作思路逐步绘制出人物关系网络，直观洞悉人物关系，并能对修改的人物节点及关系进行性能评价，形成了对剧本编写的有效正反馈，有助于编剧的辅助创作。

第一节　可视化技术选型

如第四章所述的"常用的可视化方案",所采用的 JS 库均支持节点图片、标题和关系的类型等信息的显示,D3 等 5 种 JS 库的比较分析情况如表 5.1 所示。

表 5.1　D3 等 5 种 JS 库的比较分析情况

特点 JS 库	适用性	官网	技术支持
D3	支持和弦图、绘制热图和力导向图等;支持 SVG 的圆形、椭圆形等节点形状	https://d3js.org/	在线文档及示例
Echarts	支持折线图、和弦图、力导向图等多种布局;支持 Canvas 的正方形、矩形、圆形等节点形状	https://www.echartsjs.com/zh/index.html	在线文档及示例
Vis.js	Network 组件适用于对网状拓扑进行可视化,支持力导向图布局;支持圆形、椭圆形节点形状;支持数值方式表示边的宽度	https://visjs.org/	在线文档及示例
Springy.js	基于节点和边的连接,快速搭建拓扑关系,支持力导向图布局;支持图片的加载,不支持圆形、矩形等节点形状的设置	http://getspringy.com/	dennis.hotson@gmail.com
Cytoscape	支持有向图、无向图、复合图(一种超图)等多种图论用例,支持树形、圆形、网格、力导向图等多种布局;内置圆形、正方形、菱形、正六边形、正八边形等多种节点形状	https://js.cytoscape.org/	在线文档及示例

从表 5.1 中可以看出:所有 5 种 JS 库都支持力导向图布局;Springy.js 具有简明、易用的特点,但由于代码库相对简单,文档和技术支持较少,可视化效果一般;D3.js、Echarts 支持多种参数设置,可展示节点的不同形状,适用于呈现个性化定制的酷炫效果;由于 Cytoscape 软件源自系统生物学,Cytoscape JS 库的图论用例和节点形状类型丰富,适用于网络图中多元素布局、需要突出个性化展示需求时的可视化;Vis.js 的 Network 组件适合于用图形方式展现关系的数值情况,其特色在于边 $edge_1$ 权重数值(非零、正数)是边 $edge_2$ 权重数值 2 倍的情况下,可视化展示时表现为边 $edge_1$ 宽度是边 $edge_2$ 宽度的 2 倍。

正所谓"一图胜万言",图形传递的视觉信息量远大于文本表达的文字信息量。在展现的影视人物节点及关系较复杂的情况下,每条边显示类型信息时信息量较大,不便于用户查看。为此,在开发的"影视人物关系编辑系统"的技术选型上确定"Vis.js

库"和"力导向图布局"的组合方式便于直观、明晰的可视化效果展示和节点及关系布局的自动维护。

第二节 复杂网络的概念、特性和相关分析算法

图论和拓扑学等应用数学的发展促进了网络科学的发展,用图论的语言和符号可以精确、简洁地描述各种网络[3]。自然界中存在的大量复杂关系系统都可以用网络来表示,比如常见的电力网络系统、航空网络、交通网络、社交网络以及计算机网络[4]。钱学森对复杂网络的定义是:含有自组织、自相似性、无标度、小世界这些全部或者部分特性的网络[5]。实际生活中的复杂系统可以采用复杂网络进行建模,如将社交网络中的人抽象为实体(网络节点),人与人之间的关系抽象为连接(边),然后使用复杂网络理论进行深入分析和研究。

PageRank 算法和社区检测算法是复杂网络分析中的两种常用方法。

(1) PageRank 算法是 Google 创始人 Larry Page(拉里·佩奇)和 Sergey Brin(谢尔盖·布林)提出的,它是基于网络节点拓扑连接关系计算节点重要性量化数值的算法。该算法于 1998 年在美国提交了专利申请[6],2001 年获得专利授权。

(2) 社区检测(Community Detection)算法

如同《战国策·齐策三》中所述的"物以类聚,人以群分"。社区结构是社交网络中的重要特征之一,而社区检测算法的提出适用于分析和发现社交网络中的社区结构,类似于机器学习中的聚类算法。社区内节点之间的连接比较紧密(表现为边数较多),而社区间节点之间的连接比较稀疏。常用的社区检测算法包括 Triangle Count and Average Clustering Coefficient、Strongly Connected Components、Connected Components、Label Propagation、Louvain Modularity 等类别[7]。

本章将使用 PageRank 算法和社区检测算法对影视人物关系网络进行人物节点 PageRank 值的计算和人物的社区分组。

第三节 基于 PageRank 值计算的影视人物角色排名示例

本节以《人民的名义》影视剧中主要人物角色及关系图作为社交网络,分别采用矩阵计算和 Neo4j ALGO 算法包两种方法计算人物角色的 PageRank 值,与海报中的人

物角色排名进行对比,验证基于 PageRank 值自动计算人物角色重要性和生成建议排名方法的可行性。

打开"D:\Graph_Database_Book\Chapter5\Drawing of Nodes and Relationships"目录下的 VISJS-Graph of Renmin teleplay.html 页面,如图 5.1 所示。

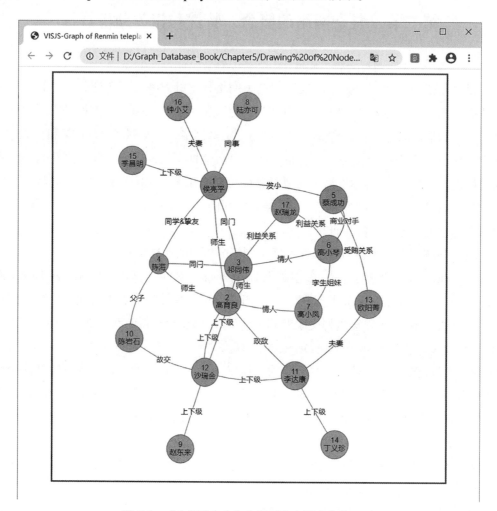

图 5.1 《人民的名义》电视剧中主要人物关系图

一、基于矩阵计算 PageRank 值

如图 5.1 所示,人物角色编号的顺序与第四章《人民的名义》电视剧中主要人物角色的排序保持一致。由于该数据中的人物角色编号是从 0 开始的,为了便于显示,实际编号为人物角色的原编号加 1。从图 5.1 中可以看到《人民的名义》电视剧中 17 位主要人物角色节点之间存在着不同的连接关系,我们假设节点之间的关系是双向的,则该电视剧中 17 位人物角色节点关系的邻接矩阵如表 5.2 所示。

在不考虑自连接（即自己认识自己）的情况下，289（=17×17）个矩阵中的元素表示了从源节点到目标节点之间的连接状态，当两个节点之间存在着直接连接（表示双向关系），则矩阵中对应的行列元素值为 1，否则为 0；邻接矩阵的元素数值沿对角线对称分布。

表 5.2 《人民的名义》中 17 位人物角色节点关系邻接矩阵

目标＼源	1	2	3	4	5	6	7	8	9	10	11	12	13	14	15	16	17
1	0	1	1	1	1	0	0	1	0	0	0	0	0	0	1	1	0
2	1	0	1	1	0	0	1	0	0	0	1	1	0	0	0	0	0
3	1	1	0	1	0	1	0	0	0	0	0	1	0	0	0	0	1
4	1	1	1	0	0	0	0	0	0	1	0	0	0	0	0	0	0
5	1	0	0	0	0	1	0	0	0	0	0	0	1	0	0	0	0
6	0	0	1	0	1	0	1	0	0	0	0	0	0	0	0	0	1
7	0	1	0	0	0	1	0	0	0	0	0	0	0	0	0	0	0
8	1	0	0	0	0	0	0	0	0	0	0	0	0	0	0	0	0
9	0	0	0	0	0	0	0	0	0	1	0	0	0	0	0	0	0
10	0	0	0	1	0	0	0	0	1	0	0	0	0	0	0	0	0
11	0	1	0	0	0	0	0	0	0	1	1	0	0	0	0	0	0
12	0	1	1	0	0	0	0	1	1	1	0	0	0	0	0	0	0
13	0	0	0	0	1	0	0	0	0	1	0	0	0	0	0	0	0
14	0	0	0	0	0	0	0	0	1	0	0	0	0	0	0	0	0
15	1	0	0	0	0	0	0	0	0	0	0	0	0	0	0	0	0
16	1	0	0	0	0	0	0	0	0	0	0	0	0	0	0	0	0
17	0	0	1	0	0	1	0	0	0	0	0	0	0	0	0	0	0

为了便于使用 Octave 进行计算，将表 5.2 的元素值采用公式编辑器书写成如下的矩阵 C。

$$C = \begin{bmatrix} 0 & 1 & 1 & 1 & 1 & 0 & 0 & 1 & 0 & 0 & 0 & 0 & 0 & 0 & 1 & 1 & 0 \\ 1 & 0 & 1 & 1 & 0 & 0 & 1 & 0 & 0 & 0 & 1 & 1 & 0 & 0 & 0 & 0 & 0 \\ 1 & 1 & 0 & 1 & 0 & 1 & 0 & 0 & 0 & 0 & 1 & 0 & 0 & 0 & 0 & 0 & 1 \\ 1 & 1 & 1 & 0 & 0 & 0 & 0 & 0 & 0 & 1 & 0 & 0 & 0 & 0 & 0 & 0 & 0 \\ 1 & 0 & 0 & 0 & 0 & 1 & 0 & 0 & 0 & 0 & 0 & 1 & 0 & 0 & 0 & 0 & 0 \\ 0 & 0 & 1 & 0 & 1 & 0 & 1 & 0 & 0 & 0 & 0 & 0 & 0 & 0 & 0 & 0 & 1 \\ 0 & 1 & 0 & 0 & 0 & 1 & 0 & 0 & 0 & 0 & 0 & 0 & 0 & 0 & 0 & 0 & 0 \\ 1 & 0 & 0 & 0 & 0 & 0 & 0 & 0 & 0 & 0 & 0 & 0 & 0 & 0 & 0 & 0 & 0 \\ 0 & 0 & 0 & 0 & 0 & 0 & 0 & 0 & 0 & 0 & 1 & 0 & 0 & 0 & 0 & 0 & 0 \\ 0 & 0 & 0 & 1 & 0 & 0 & 0 & 0 & 0 & 0 & 1 & 0 & 0 & 0 & 0 & 0 & 0 \\ 0 & 1 & 0 & 0 & 0 & 0 & 0 & 0 & 0 & 0 & 0 & 1 & 1 & 1 & 0 & 0 & 0 \\ 0 & 1 & 1 & 0 & 0 & 0 & 0 & 1 & 1 & 1 & 0 & 0 & 0 & 0 & 0 & 0 & 0 \\ 0 & 0 & 0 & 0 & 1 & 0 & 0 & 0 & 0 & 1 & 0 & 0 & 0 & 0 & 0 & 0 & 0 \\ 0 & 0 & 0 & 0 & 0 & 0 & 0 & 0 & 1 & 0 & 0 & 0 & 0 & 0 & 0 & 0 & 0 \\ 1 & 0 & 0 & 0 & 0 & 0 & 0 & 0 & 0 & 0 & 0 & 0 & 0 & 0 & 0 & 0 & 0 \\ 1 & 0 & 0 & 0 & 0 & 0 & 0 & 0 & 0 & 0 & 0 & 0 & 0 & 0 & 0 & 0 & 0 \\ 0 & 0 & 1 & 0 & 0 & 1 & 0 & 0 & 0 & 0 & 0 & 0 & 0 & 0 & 0 & 0 & 0 \end{bmatrix}$$

PageRank 值的计算过程，就是反复迭代乘法运算的过程。当计算次数达到一定数值或趋于 ∞ 时，PageRank 值收敛、趋于稳定。为此，可以利用线性代数中的特征值求解方法来计算 PageRank 值[8]。

在此，使用 Octave 开源软件来计算相关矩阵的特征值。Octave 5.1.0 版可从"https://mirrors.tuna.tsinghua.edu.cn/gnu/octave/windows/octave-5.1.0-w64-installer.exe"链接处下载。

由于不考虑自连接的情形，矩阵 C 中对角线元素全为 0，并且元素在数值分布上具有对称性，因此转置矩阵 $C^T=C$。

观察矩阵 C 第 1 行、第 j 列（其中 $j \in [1, 17] \wedge j \in N$）的元素，当该元素 =1 时表示从节点 1 到节点 j 存在着关系，第 1 行的非零元素个数 =7，可以得知节点 1 的出度（OutDegree）=7，因此，进行归一化处理，每个非零元素值的节点数值 =1/7，表现为节点 1 对各非零元素的节点的贡献值均等。

同理，在一般情况下，设 a_{ij} 为矩阵 C 中的元素，e_{ij} 为归一化矩阵 M 的元素，其中 i, $j \in [1, 17] \wedge i, j \in N$，则 $e_{ij} = a_{ij} \Big/ \sum\limits_{j=1}^{17} a_{ij}$。

于是：

$$M = \begin{bmatrix} 0 & 1/7 & 1/7 & 1/7 & 1/7 & 0 & 0 & 1/7 & 0 & 0 & 0 & 0 & 0 & 1/7 & 1/7 & 0 \\ 1/6 & 0 & 1/6 & 1/6 & 0 & 0 & 1/6 & 0 & 0 & 0 & 1/6 & 1/6 & 0 & 0 & 0 & 0 \\ 1/6 & 1/6 & 0 & 1/6 & 0 & 1/6 & 0 & 0 & 0 & 0 & 0 & 1/6 & 0 & 0 & 0 & 1/6 \\ 1/4 & 1/4 & 1/4 & 0 & 0 & 0 & 0 & 0 & 0 & 1/4 & 0 & 0 & 0 & 0 & 0 & 0 \\ 1/3 & 0 & 0 & 0 & 0 & 1/3 & 0 & 0 & 0 & 0 & 0 & 1/3 & 0 & 0 & 0 & 0 \\ 0 & 0 & 1/4 & 0 & 1/4 & 0 & 1/4 & 0 & 0 & 0 & 0 & 0 & 0 & 0 & 0 & 1/4 \\ 0 & 1/2 & 0 & 0 & 0 & 1/2 & 0 & 0 & 0 & 0 & 0 & 0 & 0 & 0 & 0 & 0 \\ 1 & 0 & 0 & 0 & 0 & 0 & 0 & 0 & 0 & 0 & 0 & 0 & 0 & 0 & 0 & 0 \\ 0 & 0 & 0 & 0 & 0 & 0 & 0 & 0 & 0 & 0 & 1 & 0 & 0 & 0 & 0 & 0 \\ 0 & 0 & 0 & 1/2 & 0 & 0 & 0 & 0 & 0 & 0 & 1/2 & 0 & 0 & 0 & 0 & 0 \\ 0 & 1/4 & 0 & 0 & 0 & 0 & 0 & 0 & 0 & 1/4 & 1/4 & 1/4 & 0 & 0 & 0 & 0 \\ 0 & 1/5 & 1/5 & 0 & 0 & 0 & 1/5 & 1/5 & 1/5 & 0 & 0 & 0 & 0 & 0 & 0 & 0 \\ 0 & 0 & 0 & 1/2 & 0 & 0 & 0 & 0 & 1/2 & 0 & 0 & 0 & 0 & 0 & 0 & 0 \\ 0 & 0 & 0 & 0 & 0 & 0 & 0 & 1 & 0 & 0 & 0 & 0 & 0 & 0 & 0 & 0 \\ 1 & 0 & 0 & 0 & 0 & 0 & 0 & 0 & 0 & 0 & 0 & 0 & 0 & 0 & 0 & 0 \\ 1 & 0 & 0 & 0 & 0 & 0 & 0 & 0 & 0 & 0 & 0 & 0 & 0 & 0 & 0 & 0 \\ 0 & 0 & 1/2 & 0 & 0 & 1/2 & 0 & 0 & 0 & 0 & 0 & 0 & 0 & 0 & 0 & 0 \end{bmatrix}$$

将归一化的矩阵 M 数据保存为：MyPageRankfile-V1.txt，由于读取使用分数表示的数据时，解析字符"/"存在问题会报错，因此删除该字符用小数表示方式。

在 Octave 软件的命令行下依次执行：

```
M=load("C:/Users/18564/MyPageRankfile.txt")
P=M' % 使用转置矩阵参与计算
[V,D]=eig(P)
EigenVector=V(:,find(abs(diag(D))==max(abs(diag(D)))))
PageRank =abs(EigenVector ./ norm(EigenVector,1))
```

Octave 软件返回计算值如下：

```
PageRank =
 0.134615
 0.115385
 0.115385
 0.076923
 0.057692
 0.076923
 0.038462
 0.019231
 0.019231
```

```
0.038462
0.076923
0.096154
0.038461
0.019231
0.019231
0.019231
0.038462
```

为此，17 位人物角色演职员信息、PageRank 数值及排如表 5.3 所示。

表 5.3 《人民的名义》中 17 位人物角色演职员信息、PageRank 数值及排名

编号	演职员角色姓名	PageRank 值	PageRank 值降序排名
1	侯亮平	0.134615	1
2	高育良	0.115385	2
3	祁同伟	0.115385	2
4	陈海	0.076923	4
5	蔡成功	0.057692	5
6	高小琴	0.076923	4
7	高小凤	0.038462	6
8	陆亦可	0.019231	7
9	赵东来	0.019231	7
10	陈岩石	0.038462	6
11	李达康	0.076923	4
12	沙瑞金	0.096154	3
13	欧阳菁	0.038461	6
14	丁义珍	0.019231	7
15	季昌明	0.019231	7
16	钟小艾	0.019231	7
17	赵瑞龙	0.038462	6

二、基于 ALGO 算法包计算 PageRank 值

为了便于调用 Neo4j 中的 ALGO 算法包计算人物角色节点的 PageRank 值，我们需

要将 17 位人物角色节点及关系数据导入到 Neo4j 中，然后在 Neo4j 的 Web 浏览器环境输入相关命令得到 PageRank 数值。

1. 将 17 位人物角色节点及关系数据导入到 Neo4j

编写包含 17 位人物角色节点及关系数据的 In_the_name_of_People.csv 文件，内容如下。

```
start,end
0,1
0,2
0,3
0,4
0,7
0,14
0,15
1,2
1,3
1,6
1,10
1,11
2,3
2,5
2,11
3,9
4,5
5,6
8,11
9,11
10,11
10,12
10,13
4,12
2,16
5,16
```

将 "In_the_name_of_People.csv" 文件拷贝到 "D:\tools\neo4j-community-3.5.8-windows\neo4j-community-3.5.8\import" 目录下，便于使用 "file:///" 方式直接导入该 CSV 文件数据。

在 Neo4j 的 Web 浏览器环境中的命令行编辑框输入并执行：

```
load csv with headers from "file:///In_the_name_of_People.csv" as line
merge (n:node{nid:(line.start)})
merge(m:node{nid:(line.end)})
```

运行结果如图 5.2 所示。可以看出，已成功地将 17 个人物角色节点导入到 Neo4j 中。

图 5.2　导入"In_the_name_of_People.csv"中的节点数据到 Neo4j 的运行截图

进一步在编辑框输入并执行：

```
load csv with headers from "file:///In_the_name_of_People.csv" as line
match (p:node{nid:(line.start)}),(q:node{nid:(line.end)})
merge (p)–[r:relation]–>(q)
merge (q)–[s:relation]–>(p)
```

运行结果如图 5.3 所示。可以看出，已成功地将 17 个人物角色节点之间的 52 条关系导入到 Neo4j 中。

2. 调用 Neo4j ALGO 算法包计算 PageRank 值

由于在 Neo4j 环境下已配置好了 ALGO 算法包，所以在 Web 浏览器环境中的命令行编辑框可直接输入"CALL algo.pageRank..."调用算法包得到 PageRank 值。

在编辑框输入并执行：

第五章　影视人物关系编辑系统开发及应用示例

图 5.3　导入 "In_the_name_of_People.csv" 中关系数据到 Neo4j 的运行截图

CALL algo.pageRank.stream('node', 'relation', {iterations:20, dampingFactor:0.85})
YIELD nodeId, score
RETURN algo.getNodeById(nodeId).nid AS page,score
ORDER BY score DESC

计算 17 个人物角色节点的按降序排列 PageRank 值的运行结果如图 5.4 所示。进一步点击编辑框右侧的导出按钮，将 PageRank 值数据导出 "export.csv" 文件，其中该文件的数据如表 5.4 所示。

图 5.4　调用 ALGO 算法包得到 PageRank 值降序排列的运行截图

表 5.4　导出的包含降序排列 PageRank 值的 CSV 文件数据

page	score
0	2.194811
1	1.699006
2	1.6793795
11	1.5190015
10	1.298129
5	1.1981095
3	1.16575
4	0.961444
12	0.694918
9	0.6525965
6	0.641963
16	0.6391665
13	0.4241845
7	0.4148345
14	0.4148345
15	0.4148345
8	0.4065555

3.《人民的名义》中 17 位人物角色节点 PageRank 值排序和实际排序的对比分析

实际排序数据的参考链接为："https://baike.baidu.com/item/人民的名义/17545218#4"，综合（1）、（2）可以得到如表 5.5 的对比情况。

从表 5.5 中可以看出：百度百科角色排名显示的男一号角色是侯亮平，这与通过矩阵和 Neo4j ALGO 包计算的 PageRank 值排名完全一致；而通过矩阵和 Neo4j ALGO 包计算的 PageRank 值得出的女一号角色是高小琴，该人物在百度百科角色排名为女二号，也基本吻合；矩阵和 Neo4j ALGO 包两种方法计算的 PageRank 值在数值上有差别，但在 PageRank 值排序上基本相符。由于 PageRank 算法基于节点之间的拓扑连接关系，通过该算法得出的 PageRank 值能体现出某节点的重要性量化数值，可以用来自动推断人物角色中的"男一号""女一号"等。目前在计算 PageRank 数值时未考虑节点之间的连接关系（边）的权重信息，进一步根据人物角色之间的关系类别设置不同权重参数计算得到的 PageRank 值能更加精准地反映人物角色在影视剧中的重要性。

表 5.5 角色的百度百科排名与两种方法计算的 PageRank 值排名对照表

角色编号	角色姓名	百度百科角色排名	矩阵计算 PageRank 值	矩阵计算 PageRank 值排名	ALGO 包计算 PageRank 值	ALGO 包计算 PageRank 值排名
1	侯亮平	1	0.134615	1	2.194811	1
2	高育良	5	0.115385	2	1.699006	2
3	祁同伟	4	0.115385	2	1.6793795	3
4	陈海	22	0.076923	4	1.16575	7
5	蔡成功	16	0.057692	5	0.961444	8
6	高小琴	7	0.076923	4	1.1981095	6
7	高小凤	（未排名）	0.038462	6	0.641963	11
8	陆亦可	6	0.019231	7	0.4148345	14
9	赵东来	13	0.019231	7	0.4065555	15
10	陈岩石	10	0.038462	6	0.6525965	10
11	李达康	3	0.076923	4	1.298129	5
12	沙瑞金	2	0.096154	3	1.5190015	4
13	欧阳菁	19	0.038461	6	0.694918	9
14	丁义珍	20	0.019231	7	0.4241845	13
15	季昌明	11	0.019231	7	0.4148345	14
15	钟小艾	9	0.019231	7	0.4148345	14
17	赵瑞龙	14	0.038462	6	0.6391665	12

第四节 影视人物关系编辑系统需求分析

影视人物关系编辑系统支持用户自定义创建人物节点和关系的网络拓扑、自定义 Cypher 查询和特殊查询。在此，使用 UML(Unified Modeling Language，统一建模语言) 中的例图、功能模块图等形式对用户需求、功能需求与非功能需求等方面进行建模与分析。

一、影视人物关系编辑系统介绍

影视人物关系编辑系统的主要功能有：人物关系编辑、数据查询和查询结果显示。

系统用例图如图 5.5 所示。

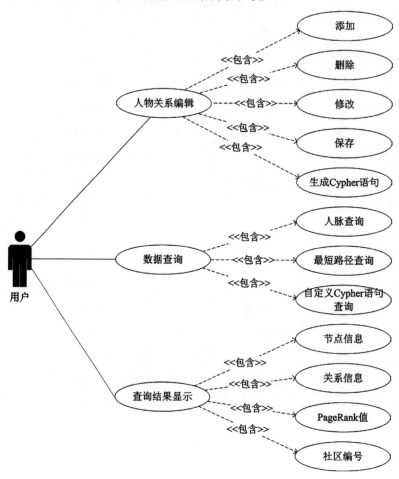

图 5.5　影视人物关系编辑系统用例图

从图 5.5 可以看出，用户可以编辑人物关系，包括对人物节点及关系的添加、删除、修改和保存，同时系统可生成实现编辑人物关系的 Cypher 语句，便于用户在自创图模型时了解和熟悉 Neo4j 中 Cypher 语句的使用；当用户在人物关系编辑区域选择保存时，用户自定义的人物节点及关系将保存到 Neo4j 图数据库中，于是用户可以进行人脉查询、最短路径查询和自定义 Cypher 语句查询等，在查询结果显示区域能同步地看到人物节点及关系的可视化效果，包含人物节点的 PageRank 值和基于社区检测算法计算得到的社区编号等信息。

二、影视人物关系编辑系统功能性需求

用户无须储备 Neo4j 图数据库中实现 "增、删、改、查" 操作的 Cypher 语法知识。影视人物关系编辑系统采用可视化 UI 交互方式，在访问 Neo4j 数据库部分对用户透明。

各部分功能性需求如下：

1. 添加节点及关系

需要为用户通过点击、拖拽鼠标或快捷键的方式实现对节点及关系的添加功能。

2. 删除节点及关系

需要为用户通过点击鼠标或快捷键的方式实现对节点及关系的删除功能。

3. 修改节点及关系

需要为用户在选中节点或关系时，能便捷地修改节点名称或关系属性等功能。

4. 保存节点及关系

需要为用户自行创建的节点及关系提供存储到 Neo4j 图数据库的功能。

5. 生成 Cypher 语句

需要为用户在保存节点及关系时生成同步的 Cypher 语句功能，使用户可以拷贝该 Cypher 语句到 Neo4j 中 Web 浏览器的 Cypher 编辑输入框进行测试。

6. 人脉查询

需要为用户提供某个人物节点的一度人脉、二度人脉以及多度人脉的查询功能。

7. 最短路径查询

需要为用户提供从人物节点 "甲" 到人物节点 "乙" 的最短路径查询功能，返回从 "甲" 到 "乙" 的路径信息。

8. 自定义 Cypher 语句查询

需要为用户提供自定义 Cypher 语句的查询功能：用户在编辑框中输入 Cypher 查询语句，能实时地显示人物节点及关系的拓扑信息。

9. 查询结果显示

需要为用户提供包含 "人脉查询" "最短路径查询" 和 "自定义 Cypher 语句查询" 等数据查询时的结果可视化功能。

三、影视人物关系编辑系统非功能性需求

1. 易用性

需要为用户提供界面友好、使用便捷的 UI 交互方式，在界面部分给出相关提示，方便用户操作。

2. 兼容性

需要采用 HTML+CSS+JavaScript 的前端技术，易于部署，兼容 Windows、Linux 等多种操作系统。

第五节　开发环境的配置

一、下载 vis.js

在第四章我们已经介绍过 Vis.js 的功能以及基本使用方法，在此介绍调用 vis-network.js 和 neovis.js 库文件的两种方法。

1. 下载代码文件至本地中，通过本地引入

安装 git，使用 git clone 命令分别下载 vis-network.js 和 neovis.js 到本地，或直接在 GitHub 网站下载。下载后通过本地方式引入 js 文件。

git clone https://github.com/visjs–community/visjs–network.git

git clone https://github.com/neo4j–contrib/neovis.js.git

2. 通过 CDN 引用 neovis.js

\<script src="https://rawgit.com/neo4j-contrib/neovis.js/master/dist/neovis.js"\>\</script\>

二、数据导入

本系统人物关系示例主要来源于搜狗数据，具体导入步骤如下（实际操作中，将"您的文件"替换为待导入的 CSV 文件即可）：

1. 导入节点

在编辑框输入并执行：

LOAD CSV WITH HEADERS FROM " 您的文件：///starnode.csv" AS row merge(src:Character{id:row.id,name:row.name,intro:row.intro})

2. 导入关系

在编辑框输入并执行：

LOAD CSV WITH HEADERS FROM "file:/// 您的文件.csv" AS row MERGE(src:Character{id:row.Source}) MERGE(tgt:Character{id:row.Target}) MERGE(src)-[r:INTERACTS]->(tgt) ON CREATE SET r.weight=toInteger(row.weight)

3. 导入之后计算 PageRank 值和 Community 值

在编辑框输入并执行：

// 计算 PageRank 值
CALL algo.pageRank.stream(null, null,{iterations:20, dampingFactor:0.85,concurrency:4}) YIELD nodeId,score set algo.getNodeById(nodeId).pagerank=score
// 调用 algo 算法包中的 louvain 算法，进行社区划分，计算 Community 值
call algo.louvain.stream(null,null,{weightProperty:'weight', defaultValue:1.0, concurrency:4}) YIELD nodeId,community set algo.getNodeById(nodeId).community=community

第六节　影视人物关系编辑系统的设计与实现

一、系统技术架构

影视人物关系编辑系统的技术架构如图 5.6 所示，可以看出，系统的技术架构分为如下的 4 个层级。

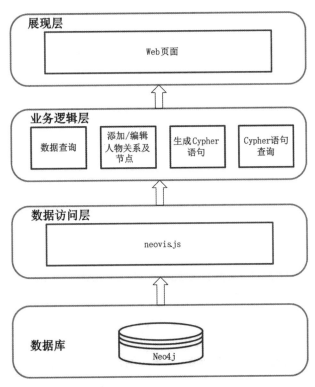

图 5.6　影视人物关系编辑系统的技术架构图

1. 数据库

应用程序中的大多数功能都需要数据库的支持。数据库可提供快速查询的接口，并保证数据的完整性、可靠性。本系统的数据存储使用 Neo4j 图数据库。

2. 数据访问层

数据访问层主要处理数据库的访问，简单来说就是对数据表的增加、删除、更新、查询。在该系统中，我们使用 neovis.js 来实现此操作，neovis.js 的源码和使用方法可在 https://github.com/neo4j-contrib/neovis.js 中找到。

3. 业务逻辑层

业务逻辑层是系统的核心部分，决定了系统"能做什么"。影视人物关系编辑系统的主要功能为：添加/编辑人物关系及节点、数据查询、生成 Cypher 语句、Cypher 语句查询。

4. 展现层

展现层为用户与系统的可视化接口，用于将数据查询结果显示到浏览器中，主要使用的技术包括 Html5、CSS、JavaScript 等。

影视人物关系编辑系统展示层分区示意图如图 5.7 所示，主要分为三个区域：人物关系编辑区、数据查询区和查询节点展示区。用户可在人物关系编辑区中自由添加、删除、修改节点，然后通过提交按钮保存到数据库中，也可生成实现保存功能的 Cypher 语句，该语句将在数据查询展示区中显示。

数据查询区中包含人脉查询、最短路径查询以及自定义 Cypher 语句查询。在该区域进行操作的最终结果都将展示在查询节点展示区中。

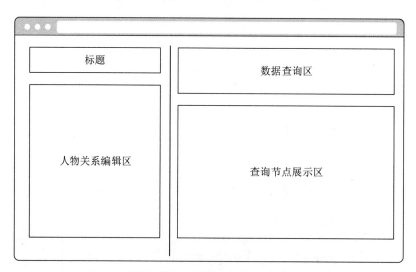

图 5.7　影视人物关系编辑系统展示层分区示意图

二、功能实现

1. 人物关系编辑区可实现节点以及关系的增、删、改

相应的代码如下：

```
function draw_mynetwork() {
    destroy();
    nodes = [];
    edges = [];

    // create a network
    var container = document.getElementById('mynetwork');
    var options = {
        layout: { randomSeed: 2 }, // just to make sure the layout is the same when the locale is changed
        locale: document.getElementById('locale').value,
        manipulation: {
            addNode: function (data, callback) {
                // filling in the popup DOM elements
                document.getElementById('node-operation').innerHTML = " 添加人物 ";
                editNode(data, clearNodePopUp, callback);
            },
            editNode: function (data, callback) {
                // filling in the popup DOM elements
                document.getElementById ('node-operation').innerHTML = " 编辑人物 ";
                editNode(data, cancelNodeEdit, callback);
            },
            addEdge: function (data, callback) {
                if (data.from == data.to) {
                    var r = confirm ("Do you want to connect the node to itself?");
                    if (r != true) {
                        callback(null);
                        return;
                    }
                }
```

```
                    document.getElementById ('edge-operation').innerHTML = " 添加关系 ";
                    editEdgeWithoutDrag (data, callback);
                },
                editEdge: {
                    editWithoutDrag: function (data, callback) {
                        document.getElementById ('edge-operation').innerHTML = " 编辑关系 ";
                        editEdgeWithoutDrag (data, callback);
                    }
                }
            }
        };
        network = new vis.Network(container, data, options);
    }
```
2. 连接 Neo4j 数据库，设置初始查询语句以及节点和边的样式，本系统设置初始查询语句为 "match (n)-[r:INTERACTS]->(m) return n,r,m limit 50"
```
    function draw_cypherResult() {
        var config = {
            container_id: "viz",
            server_url: "bolt://localhost:7687",
            server_user: "neo4j",
            server_password: "123456",
            nodes: {
                "image": "6.png"
            },
            labels: {
                "Character": {
                    "caption": "name",
                    "size": "pagerank",
                    "community": "community"
                }
            },
            relationships: {
                "INTERACTS": {
```

```
          "thickness": "weight",
          "caption": false
        }
      },
      initial_cypher: "match (n)–[r:INTERACTS]–>(m) return n,r,m limit 50",
      arrows: true
    };
    viz = new NeoVis.default(config);
    viz.render();
  }
```

3. 查询一度人脉到五度人脉

```
    $("#reload_connection").click(function () {
      name = $( '#person').val();
      var cypher = "";
      var checkValue = $("#connection").val();
      switch (checkValue) {
        case "one":
          cypher = 'MATCH (:Character {name:"' + name + '"})–[:INTERACTS]->(u) RETURN u;'
          break;
        case "two":
          cypher = 'MATCH (:Character {name:"' + name + '"})–[:INTERACTS]->()–[:INTERACTS]->(u) RETURN u;'
          break;
        case "three":
          cypher = 'MATCH (:Character {name:"' + name + '"})–[:INTERACTS]->()–[:INTERACTS]->()–[:INTERACTS]->(u) RETURN u;'
          break;
        case "four":
          cypher = 'MATCH (:Character {name:"' + name + '"})–[:INTERACTS]->()–[:INTERACTS]->()–[:INTERACTS]->()–[:INTERACTS]->(u) RETURN u;'
          break;
        case "five":
          cypher = 'MATCH (:Character {name:"' + name + '"})–[:INTERACTS]-
```

```
>()-[:INTERACTS]->()-[:INTERACTS]->()-[:INTERACTS]->()-[:INTERACTS]->(u)
RETURN u;'
                break;
        }
        viz.renderWithCypher(cypher);
    });
```

4. 输入两个人物的名字，查询人物之间的最短路径

```
$("#reload_shortest").click(function () {
        var cypher = 'MATCH (p1:Character{name:" ' + $('#p1').val() + ' "}),
(p2:Character{name:" ' + $('#p2').val() + ' "}),p=allshortestpaths((p1)-[*..10]->(p2))
RETURN p';
        if (cypher.length > 3) {
            viz.renderWithCypher(cypher);
            if (viz._nodes == {}) {
                alert(" 无最短路径 ");
            }
        }
    });
```

5. Cypher 语句查询功能

```
$("#reload").click(function () {
        var cypher = $("#cypher").val();
        if (cypher.length > 3) {
            viz.renderWithCypher(cypher);
        } else {
            viz.reload();
        }
    });
```

6. 固定节点位置功能

```
    $("#stabilize").click(function () {
        viz.stabilize();
    })
```

第七节　影视人物关系编辑系统应用示例

本系统集成了"人物节点和关系的自定义创建"、基于开放式 Cypher 语句输入的"数据导入""数据分析""可视化"等功能，方便用户对现有影视作品和自创作品中的人物节点和关系进行分析。

一、影视人物关系编辑系统的使用

影视人物关系编辑系统的主页文件是"neo4j–vis.html"。在使用本系统之前，将 csv 格式的数据导入 neo4j 数据库中，打开 neo4j 服务，然后在方法 draw_cypherResult() 中，用变量 config 设置自己的 neo4j 链接地址（server_url）、用户名（server_user）及密码（server_password）。此处设置如下，具体按实际的 Neo4j 账号即可。

```
...
server_user: "neo4j",
server_password: "123456",
...
```

本编辑系统的具体使用方法如下。
1. 编辑功能的使用方法

在浏览器中打开主页文件"neo4j–vis.html"，在"人物关系编辑区"左上角点击"编辑"按钮，进入节点和连接线的添加和编辑状态。

（1）添加节点

在编辑区域点击左上方的"添加节点"按钮，单击空白处放置新节点。

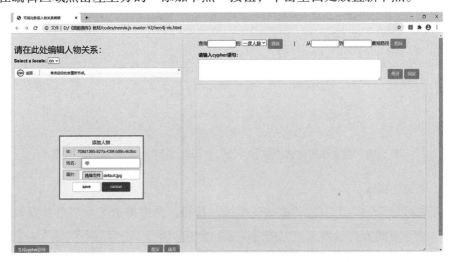

图 5.8　"添加人物"窗口中设置节点名称和指定图片窗口

在弹出的如图 5.8 所示的"添加人物"窗口中设置节点名称和指定图片，然后点击"Save"保存，将出现如图 5.9 所示的主页面，可以看出已创建了一个节点"甲"。

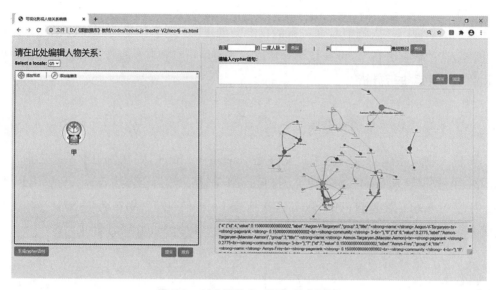

图 5.9　创建了节点"甲"的主页面

依次重复添加 3 个节点后，再次返回主页面后可以看到已添加了名称分别为"甲""乙""丙""丁"的 4 个节点，如图 5.10 所示。

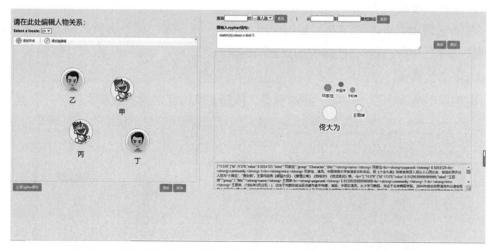

图 5.10　重复添加创建"甲""乙""丙""丁"4 个节点的效果图

（2）添加连接线

在编辑区域点击左上方的"添加连接线"按钮，通过单击某个节点并将该连接线拖到另一个节点的方式设置节点之间的关系，创建"甲""乙""丙""丁"4 个节点之间的关系，如图 5.11 所示。

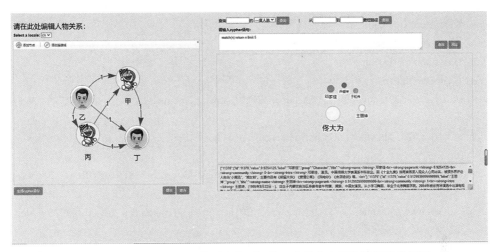

图 5.11　添加"甲""乙""丙""丁"4 个节点之间连接线的效果图

（3）生成 Cypher 语句、提交保存

点击"生成 cypher 语句"按钮，生成保存节点和关系的 Cypher 语句，如图 5.12 所示；点击"提交"按钮将执行当前绘图区所示的节点和关系写入 Neo4j 数据库，点击"放弃"按钮清空画图区域，不写入 Neo4j 数据库。

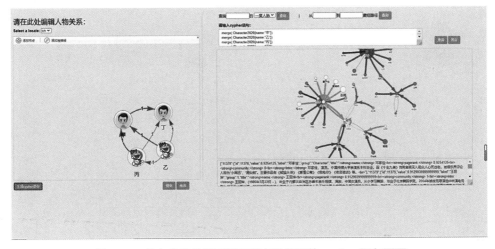

图 5.12　保存当前绘图区所示节点及关系的 cypher 语句页面

自动生成的 Cypher 语句内容如下。

```
merge(:Character2020{name:" 甲 "})
merge(:Character2020{name:" 乙 "})
merge(:Character2020{name:" 丙 "})
merge(:Character2020{name:" 丁 "})
match(a:Character2020{name:' 甲 '}),(b:Character2020{name:' 乙 '}) merge (a)–[:INTERACTS { weight: 1}] –> (b)
match(a:Character2020{name:' 乙 '}),(b:Character2020{name:' 丙 '}) merge (a)–[:INTERACTS { weight: 1}] –> (b)
match(a:Character2020{name:' 丁 '}),(b:Character2020{name:' 甲 '}) merge (a)–[:INTERACTS { weight: 1}] –> (b)
match(a:Character2020{name:' 丁 '}),(b:Character2020{name:' 丙 '}) merge (a)–[:INTERACTS { weight: 1}] –> (b)
match(a:Character2020{name:' 甲 '}),(b:Character2020{name:' 丙 '}) merge (a)–[:INTERACTS { weight: 1}] –> (b)
match(a:Character2020{name:' 丁 '}),(b:Character2020{name:' 乙 '}) merge (a)–[:INTERACTS { weight: 1}] –> (b)
```

在此，点击"提交"按钮将如图 5.11 所示的"甲""乙""丙""丁"4 个节点及关系保存到 Neo4j 数据库，随后可以看到出现如图 5.13 所示的保存当前绘图区所示节点及关系的"提交成功"提示页面。

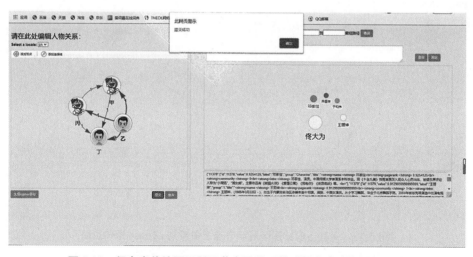

图 5.13　保存当前绘图区所示节点及关系的"提交成功"提示页面

在页面右上方的编辑框内填写并执行如下 Cypher 语句：

```
match (n:Character2020)–[r]–(m) return n,m,r
```

运行结果如图 5.14 所示。

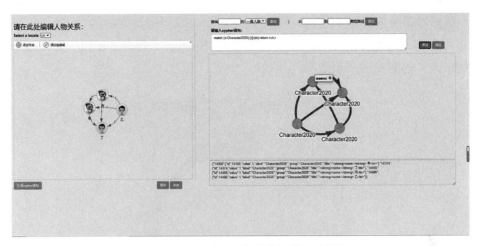

图 5.14　验证成功添加节点及关系效果图

可见当前绘图区所示节点及关系已成功写入 Neo4j 数据库。

（4）编辑、删除节点或关系

当选中圆圈样式的节点时，可以点击"编辑节点"按钮进行名称和照片的重新设置，也可以点击"删除选定"按钮进行删除；当选中箭头样式的连接线时，可以点击"编辑连接线"按钮进行关系权重的设置，也可以点击"删除选定"按钮进行删除。

2．人脉查询功能的使用方法

在输入框中输入待查询人物的名字，选择"一度人脉"或"二度人脉"或"三度人脉"或"四度人脉"或"五度人脉"，点击"查询"按钮。结果将显示在展示区，如图 5.15 所示。

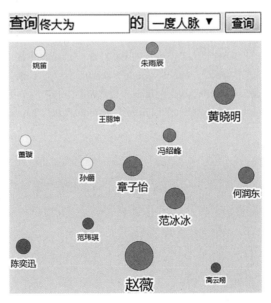

图 5.15　查询指定人物的人脉查询结果展示区

3. 最短路径查询功能

在两个输入框中分别输入待查询人物的名字，点击"查询"按钮。查询结果将显示在展示区，如图 5.16 所示。

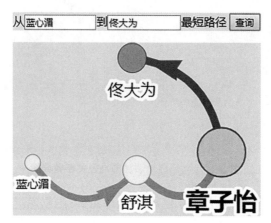

图 5.16　查询两个指定人物之间的最短路径结果展示区

4. 自定义 Cypher 语句查询功能

可以在页面右侧"请输入 cypher 语句："下方的编辑框内输入自定义的 Cypher 语句，可以对"未设置或均等关系权重值""不同关系权重值"等两种情况的图数据进行查询。

（1）查询展示"未设置或均等关系权重值、无社区分组"的节点及关系

输入"MATCH (n:school)–[r]–(m) RETURN n,m,r"，点击"查询"按钮。查询结果将显示在展示区，如图 5.17 所示。

同时查询结果以 JSON 数据格式显示在页面下方，内容如下：

```
{"2144":{"id":2144,"value":1,"label":"staff","group":"staff","title":"name: Bob
"},"2145":{"id":2145,"value":1,"label":"school","group":"school","title":"name: 计算机学院
"},"2164":{"id":2164,"value":1,"label":"school","group":"school","title":"name: 联合实验室
"},"2165":{"id":2165,"value":1,"label":"school","group":"school","title":"name: 研发中心 "}}
```

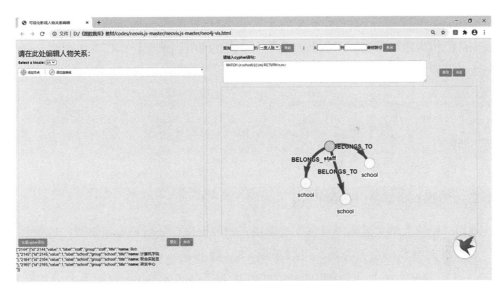

图 5.17 自定义 Cypher 语句查询结果展示页面

（2）查询展示"不同关系权重值、有社区分组"的节点及关系

输入"MATCH (n)-[r:INTERACTS]->(m) RETURN n,r,m LIMIT 10"，点击"查询"按钮。查询结果将显示在展示区，如图 5.18 所示。

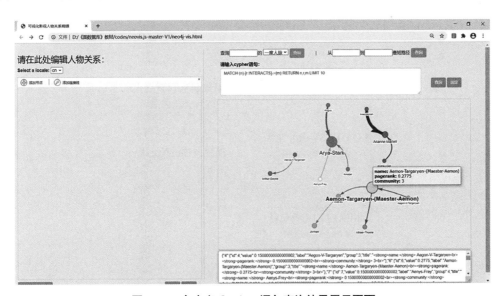

图 5.18 自定义 Cypher 语句查询结果展示页面

存在关系为"INTERACTS"的节点通过调用了 pagerank 算法和 Community Detection（社区检测）算法计算出 pagerank 值和 community（社区）编号并保存到节点的属性中。

在图 5.18 中使用 neovis.js 进行直观的可视化展示——连接线的粗细程度代表边的权重数值：当边的权重值较大时，边较粗；

pagerank 值用来标识圆圈节点的半径：代表节点的圆圈半径较大时，说明以 pagerank 值作为指标参数时该节点的重要性较大；同时当鼠标停靠在本次查询 pagerank 值最大的节点上时，显示该节点的详细信息如下。

name: Aemon–Targaryen–(Maester–Aemon)
pagerank: 0.2775
community: 3

二、影视人物数据分析流程

使用"影视人物关系编辑系统"对影视人物数据进行分析的流程如图 5.19 所示。

对影视人物数据进行分析，可以采用 CSV 数据导入和在网页编辑区自定义人物节点及关系等两种方式；当采用两种方式将数据保存到 Neo4j 图数据库之后，可分别调用 ALGO 工具包中的 PageRank 算法函数和社区检测算法函数计算出 PageRank 值和 Community ID（社区分组号），进一步将这两个数值作为人物节点的属性写入 Neo4j，然后在"影视人物关系编辑系统"中基于 Neovis.js 库进行可视化。

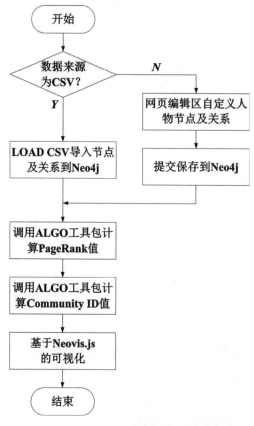

图 5.19 影视人物数据分析流程

如前所述，在"影视人物关系编辑系统"中可以在网页编辑区自定义人物节点及关系并提交保存到 Neo4j；为此，当数据来源为 CSV 文件时的数据导入部分的步骤为 1~3；4、5 为在数据支撑下的通用步骤。

1. 基于 CSV 文件格式规范编写人物节点及关系数据

在 CSV 文件中，各字段项或数据项采用逗号分隔，每一行记录包含多个字段或数据。其中第一行是表头信息，内容为"start,end,weight"，包含 3 个字段项，分别表示"人物 1""人物 2""人物之间的关系 weight（权重）数值"；其他行是设置人物的名称及关系权重数值的一般数据项。在此，weight 数值按照"亲情 > 爱情 > 友情"，分别设置"亲情""爱情""友情"的权重值为 30、20、10。

根据相关影视作品介绍，按此 CSV 文件格式规范编写人物节点及关系的有关数据。为了便于 CSV 文件的导入，将该文件存放到 Neo4j 所在目录下的 import 子目录。

2. 使用 LOAD CSV 语句导入人物节点

在"影视人物关系编辑系统"网页中的"请输入 cypher 语句"下方编辑框内输入 Cypher 语句并点击"查询"按钮，实现人物节点的导入。

```
load csv with headers from "file:///TVFilmPlay.csv" as line
merge (n:TVFilmPlayName{nid:(line.start)})
merge(m:TVFilmPlayName{nid:(line.end)})
```

在此，通过 LOAD CSV 语句逐行读取 TVFilmPlay.csv 中的 start 和 end 数据项，使用 merge 合并创建的方式新建标签为"TVFilmPlayName"的人物节点，其中节点的 nid 属性值为 start 或 end 数据项。

3. 使用 LOAD CSV 语句导入人物节点之间的关系

在"影视人物关系编辑系统"网页中的"请输入 cypher 语句"下方编辑框内输入 Cypher 语句并点击"查询"按钮，实现人物节点之间关系的导入。

```
load csv with headers from "file:///TVFilmPlay.csv" as line
match (p:TVFilmPlayName{nid:(line.start)}),(q:TVFilmPlayName{nid:(line.end)})
merge (p)–[r:INTERACTS {weight:toInteger(line.weight)}]–>(q)
merge (q)–[s:INTERACTS {weight:toInteger(line.weight)}]–>(p)
```

在此，通过 LOAD CSV 语句逐行读取 TVFilmPlay.csv 中的 start、end 和 weight 数据项，使用 merge 合并创建的方式新建人物节点之间的关系，其中关系的 weight 属性值为 weight 数据项转换为整型的数值，用于参与后续的 PageRank 算法和社区检测算法的计算。

4. 调用 ALGO 工具包计算节点的 PageRank 值

在"影视人物关系编辑系统"网页中的"请输入 cypher 语句"下方编辑框内输入

Cypher 语句并点击"查询"按钮，计算指定标签节点的 PageRank 值，并将该数值写入节点的属性。

```
CALL algo.pageRank.stream('TVFilmPlayName', 'INTERACTS',{iterations:20, dampingFactor:0.85, weightProperty:"weight", concurrency:4}) YIELD nodeId,score set algo.getNodeById(nodeId).pagerank=score
```

在此，将标签名称为 TVFilmPlayName 的所有节点和节点之间存在 INTERACTS 的关系作为分析对象，调用"algo.pageRank.stream()"函数计算每个节点的 PageRank 值，并将该数值写入节点的 pagerank 属性值，其中迭代次数 iterations、dampingFactor 阻尼系数、concurrency 并发数等均为默认值，weightProperty 属性对应于导入 CSV 文件中的 weight 数据项。

5. 调用 ALGO 工具包计算节点的 Community ID 值

在"影视人物关系编辑系统"网页中的"请输入 cypher 语句"下方编辑框内输入 Cypher 语句并点击"查询"按钮，计算指定标签节点的 Community ID 值，并将该数值写入节点的属性。

```
call algo.louvain.stream('TVFilmPlayName','INTERACTS',{weightProperty:"weight", defaultValue:1.0, concurrency:4}) YIELD nodeId,community set algo.getNodeById(nodeId).community=community
```

在此，将标签名称为 TVFilmPlayName 的所有节点和节点之间存在 INTERACTS 的关系作为分析对象，调用"algo.louvain.stream()"函数计算每个节点的 community ID 值，并将该数值写入节点的 community 属性值，其中 weightProperty 属性对应于导入 CSV 文件中的 weight 数据项，defaultValue 缺省值、concurrency 并发数等均为默认值。

进一步以《延禧攻略》和《陈情令》等两部影视作品为例，给出使用"影视人物关系编辑系统"进行数据分析的示例。

三、影视人物数据分析示例——《延禧攻略》

编写包含《延禧攻略》主要人物角色节点及关系数据的"延禧攻略.csv"文件，根据"影视人物数据分析流程"介绍的步骤 1~5 来进行数据分析。

"延禧攻略.csv"文件内容如下。

```
start,end,weight
魏璎珞,富察皇后,10
魏璎珞,乾隆,20
魏璎珞,富察傅恒,20
魏璎珞,袁春望,20
魏璎珞,苏静好,10
魏璎珞,继皇后,10
魏璎珞,和亲王,10
魏璎珞,尔晴,10
魏璎珞,明玉,10
魏璎珞,嘉嫔,10
富察皇后,乾隆,20
富察皇后,富察傅恒,30
富察皇后,尔晴,10
富察皇后,苏静好,10
富察皇后,明玉,10
富察皇后,高贵妃,10
乾隆,继皇后,20
乾隆,苏静好,20
乾隆,高贵妃,20
乾隆,嘉嫔,20
乾隆,顺嫔,20
乾隆,皇太后,30
乾隆,纳兰淳雪,20
乾隆,和亲王,30
继皇后,珍儿,10
继皇后,袁春望,10
珍儿,袁春望,20
富察傅恒,苏静好,20
富察傅恒,尔晴,20
顺嫔,明玉,10
苏静好,明玉,10
海兰察,明玉,20
海兰察,富察傅恒,10
富察傅恒,乾隆,10
```

将"延禧攻略.csv"文件拷贝到 Neo4j 所在目录的 import 子目录下。

参照"使用 LOAD CSV 语句导入人物节点""使用 LOAD CSV 语句导入人物节点之间的关系""调用 ALGO 工具包计算节点的 PageRank 值""调用 ALGO 工具包计算节点的 Community ID 值"等上述四个步骤,将"TVFilmPlay.csv"替换为"延禧攻略.csv"并作为数据源,将节点标签名"TVFilmPlayName"修改为"YanxiPlay"。然后依次执行相关 Cypher 语句以完成 CSV 数据导入到 Neo4j、PageRank 值、Community ID 值的计算以及属性值的更新。

在"影视人物关系编辑系统"网页中的"请输入 cypher 语句"下方编辑框内输入 Cypher 语句：

match (n:YanxiPlay)–[r:INTERACTS]–(m) return n,r,m

点击"查询"按钮，可视化效果如图 5.20 所示。

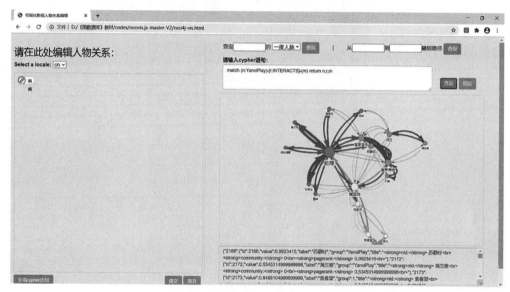

图 5.20 《延禧攻略》主要人物节点及关系的可视化效果图

可以看出，用来标识魏璎珞、乾隆、富察皇后、富察傅恒等 4 位人物节点的 PageRank 值较大，同时可以直观地从圆圈半径看出，他（她）们正好是该剧的主要人物，这与实际剧本相吻合；另外，按社区检测算法可将其划分为 3 个社区，这也与实际剧情基本相符。

四、影视人物数据分析示例——《陈情令》

编写包含《陈情令》主要人物角色节点及关系数据的"陈情令.csv"文件，根据"影视人物数据分析流程"介绍的步骤 1~5 来进行数据分析。

"陈情令.csv"文件内容如下。

```
start,end,weight
魏无羡，蓝忘机，20
魏无羡，江澄，30
魏无羡，江厌离，30
魏无羡，温宁，10
魏无羡，聂怀桑，10
蓝忘机，蓝曦臣，30
蓝忘机，聂怀桑，10
蓝曦臣，金光瑶，20
蓝曦臣，聂明玦，20
金光瑶，金子轩，10
金光瑶，聂明玦，20
金子轩，江厌离，20
江厌离，金凌，30
金子轩，金凌，30
聂怀桑，聂明玦，30
江澄，江厌离，30
温宁，温情，30
温若寒，温晁，30
温若寒，温情，30
```

将"陈情令.csv"文件拷贝到 Neo4j 所在目录的 import 子目录下。

参照"使用 LOAD CSV 语句导入人物节点""使用 LOAD CSV 语句导入人物节点之间的关系""调用 ALGO 工具包计算节点的 PageRank 值""调用 ALGO 工具包计算节点的 Community ID 值"等上述四个步骤，将"TVFilmPlay.csv"替换为"陈情令.csv"作为数据源，将节点标签名"TVFilmPlayName"修改为"ChenlingqingPlay"，将关系属性"INTERACTS"修改为"COLLEAGUE"。然后依次执行相关 Cypher 语句以实现 CSV 数据导入到 Neo4j、PageRank 值、Community ID 值的计算以及属性值的更新。

在"影视人物关系编辑系统"网页中的"请输入 cypher 语句"下方编辑框内容输入 Cypher 语句：

```
match (n:ChenlingqingPlay)–[r:COLLEAGUE]–(m) return n,r,m
```

点击"查询"按钮，可视化效果如图 5.21 所示。

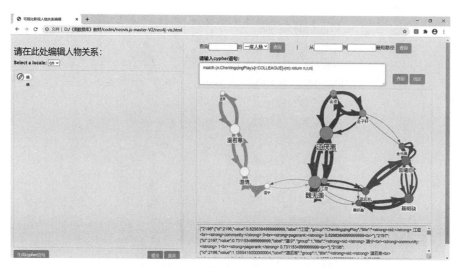

图 5.21 《陈情令》主要人物节点及关系的可视化效果图

可以看出，用来标识魏无羡、江厌离等 2 位人物节点的 PageRank 值较大，同时，可以直观地从圆圈半径看出，他（她）们正好是该剧的主要人物，这与实际剧本相吻合；另外，按社区检测算法可将其划分为 3 个社区，这也与实际剧情基本相符。

五、自定义人物关系数据分析示例

参照"影视人物关系编辑系统的使用"中"编辑功能的使用方法"部分介绍的"（1）添加节点"和"（2）添加连接线"方法，创建如图 5.22 所示的自定义人物关系图。在此，weight 数值按照"亲情 > 爱情 > 友情"，分别设置"亲情""爱情""友情"的权重值为 30、20、10。

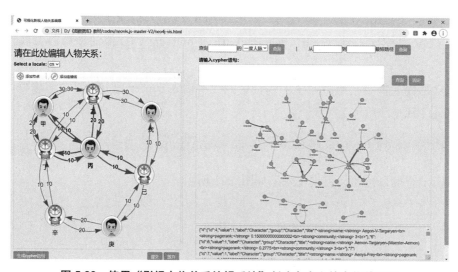

图 5.22 使用"影视人物关系编辑系统"创建自定义的人物关系图

接着，在"影视人物关系编辑系统"中点击"生成 cypher 语句"按钮生成保存节点和关系的 Cypher 语句，将在页面右侧"请输入 cypher 语句："下方的编辑框内自动生成的多行 Cypher 语句，内容如下。

merge(:Character2020{name:" 甲 "})
merge(:Character2020{name:" 乙 "})
merge(:Character2020{name:" 丙 "})
merge(:Character2020{name:" 丁 "})
merge(:Character2020{name:" 戊 "})
merge(:Character2020{name:" 己 "})
merge(:Character2020{name:" 庚 "})
merge(:Character2020{name:" 辛 "})
match(a:Character2020{name:' 甲 '}),(b:Character2020{name:' 乙 '}) merge (a)–[:INTERACTS { weight: 30}] –> (b)
match(a:Character2020{name:' 乙 '}),(b:Character2020{name:' 戊 '}) merge (a)–[:INTERACTS { weight: 30}] –> (b)
match(a:Character2020{name:' 乙 '}),(b:Character2020{name:' 丙 '}) merge (a)–[:INTERACTS { weight: 20}] –> (b)
match(a:Character2020{name:' 甲 '}),(b:Character2020{name:' 丁 '}) merge (a)–[:INTERACTS { weight: 20}] –> (b)
match(a:Character2020{name:' 戊 '}),(b:Character2020{name:' 己 '}) merge (a)–[:INTERACTS { weight: 10}] –> (b)
match(a:Character2020{name:' 丁 '}),(b:Character2020{name:' 丙 '}) merge (a)–[:INTERACTS { weight: 10}] –> (b)
match(a:Character2020{name:' 丁 '}),(b:Character2020{name:' 辛 '}) merge (a)–[:INTERACTS { weight: 10}] –> (b)
match(a:Character2020{name:' 辛 '}),(b:Character2020{name:' 庚 '}) merge (a)–[:INTERACTS { weight: 20}] –> (b)
match(a:Character2020{name:' 甲 '}),(b:Character2020{name:' 丙 '}) merge (a)–[:INTERACTS { weight: 10}] –> (b)
match(a:Character2020{name:' 乙 '}),(b:Character2020{name:' 丁 '}) merge (a)–[:INTERACTS { weight: 10}] –> (b)
match(a:Character2020{name:' 戊 '}),(b:Character2020{name:' 乙 '}) merge (a)–[:INTERACTS { weight: 30}] –> (b)
match(a:Character2020{name:' 己 '}),(b:Character2020{name:' 戊 '}) merge (a)–[:INTERACTS { weight: 10}] –> (b)
match(a:Character2020{name:' 己 '}),(b:Character2020{name:' 庚 '}) merge (a)–[:INTERACTS { weight: 10}] –> (b)
match(a:Character2020{name:' 丙 '}),(b:Character2020{name:' 己 '}) merge (a)–[:INTERACTS { weight: 10}] –> (b)
match(a:Character2020{name:' 乙 '}),(b:Character2020{name:' 甲 '}) merge (a)–[:INTERACTS { weight: 30}] –> (b)

```
match(a:Character2020{name:' 丁 '}),(b:Character2020{name:' 甲 '}) merge (a)–[:INTERACTS { weight: 20}] –> (b)
match(a:Character2020{name:' 丁 '}),(b:Character2020{name:' 乙 '}) merge (a)–[:INTERACTS { weight: 10}] –> (b)
match(a:Character2020{name:' 丙 '}),(b:Character2020{name:' 甲 '}) merge (a)–[:INTERACTS { weight: 10}] –> (b)
match(a:Character2020{name:' 丙 '}),(b:Character2020{name:' 乙 '}) merge (a)–[:INTERACTS { weight: 20}] –> (b)
match(a:Character2020{name:' 辛 '}),(b:Character2020{name:' 丁 '}) merge (a)–[:INTERACTS { weight: 10}] –> (b)
match(a:Character2020{name:' 庚 '}),(b:Character2020{name:' 辛 '}) merge (a)–[:INTERACTS { weight: 20}] –> (b)
match(a:Character2020{name:' 庚 '}),(b:Character2020{name:' 己 '}) merge (a)–[:INTERACTS { weight: 10}] –> (b)
match(a:Character2020{name:' 己 '}),(b:Character2020{name:' 丙 '}) merge (a)–[:INTERACTS { weight: 10}] –> (b)
match(a:Character2020{name:' 丙 '}),(b:Character2020{name:' 丁 '}) merge (a)–[:INTERACTS { weight: 10}] –> (b)
```

在此，点击"提交"按钮将如图 5.22 所示的"甲""乙""丙""丁""戊""己""庚""辛"8 个节点及 24 条关系保存到 Neo4j 数据库中。

然后按照"影视人物数据分析流程"介绍的步骤 4~5 来开展数据分析。

在"影视人物关系编辑系统"网页中的"请输入 cypher 语句"下方编辑框内输入 Cypher 语句并执行，计算指定标签节点的 PageRank 值，并将该数值写入节点的属性。

```
CALL algo.pageRank.stream('Character2020', 'INTERACTS',{iterations:20, dampingFactor:0.85, weightProperty:"weight", concurrency:4}) YIELD nodeId,score set algo.getNodeById(nodeId).pagerank=score
```

进一步在"影视人物关系编辑系统"网页中的"请输入 cypher 语句"下方编辑框内输入 Cypher 语句并执行，计算指定标签节点的 Community ID 值，并将该数值写入节点的属性。

```
call algo.louvain.stream('Character2020','INTERACTS',{weightProperty:"weight", defaultValue:1.0, concurrency:4}) YIELD nodeId,community set algo.getNodeById(nodeId).community=community
```

为了展示自定义标签为 Character2020 的人物节点和属性名为 INTERACTS 的关系情况，在"影视人物关系编辑系统"网页中的"请输入 cypher 语句"下方编辑框内输入 Cypher 语句：

```
match (n:Character2020)–[r:INTERACTS]–(m) return n,r,m
```

点击"查询"按钮，可视化效果如图 5.23 所示。

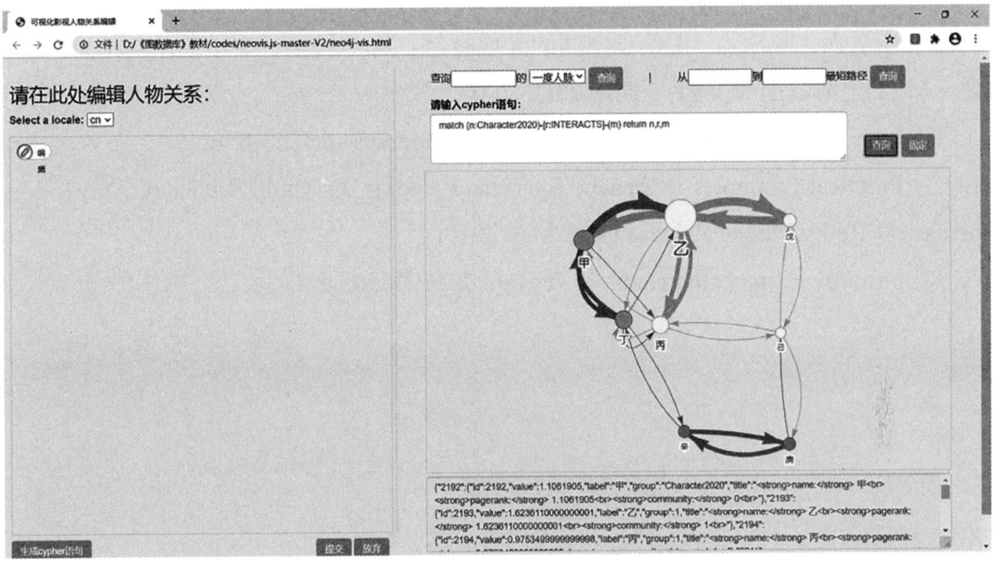

图 5.23　自定义人物关系的可视化效果图

可以直观地从圆圈半径看出，用来标识"乙"和"甲"的人物节点 PageRank 值位于第一和第二，可作为推荐的一号主角和二号主角；同时根据社区检测算法将标签为 Character2020 的全部节点划分为 3 个社区，在图中用不同颜色对不同的社区进行着色标注，其中 Community ID 为 0 的节点是"甲"和"丁"，Community ID 为 1 的节点是"乙""丙""戊""己"，Community ID 为 2 的节点是"庚"和"辛"，这为剧本的进阶创作、演员遴选和演出场次编排等提供了参考和指导。

本章介绍了影视人物关系编辑系统的开发和应用示例。在开发部分，首先确定"Vis.js 库"和"力导向图布局"的网页方式作为技术选型，接着采用矩阵计算和 Neo4j ALGO 算法包两种方法计算影视人物角色的 PageRank 值排名示例，随后给出了本系统的需求分析、设计与实现；在应用示例部分，分别以《延禧攻略》和《陈情令》等两部影视作品和自定义人物关系为例，使用本系统提供的"自定义创建人物节点及关系"、支持 Cypher 语句的"数据导入""数据处理""可视化"等功能进行了数据分析，为影视剧本创作提供了量化参考。

本章参考文献

［1］刘艳卉. 国外主要戏剧影视编剧软件功能综述［J］. 戏剧（中央戏剧学院学报），2016（03）：93-109.

［2］"剧云"官网［EB/OL］. http://www.jucloud.com/.

［3］刘亮. 复杂网络基元研究方法及应用［M］. 上海：上海交通大学出版社，2018.

［4］钟林峰. 复杂网络中关键节点的挖掘算法研究［D］. 电子科技大学，2018.

［5］钱学森，戴汝为. 论信息空间的大成智慧：思维科学、文学艺术与信息网络的交融［M］. 上海：上海交通大学出版社，2007.

［6］https://retropatents.com/products/google-pagerank-patent-print.

［7］Practical Examples in Apache Spark and Neo4j. By Mark Needham, Amy Hodler. Publisher: O'Reilly Media. Release Date: May 2019.

［8］http://blog.sina.com.cn/s/blog_4eb1a6bd01000d50.html.

后　记

本书是作者近年来关注图数据库技术在影视领域开展相关应用工作的总结。

正如陆游的诗句"纸上得来终觉浅，绝知此事要躬行"，作者在编著本书时充分考虑了知识的易读性、代码的可重现性和方案的完整性，通过丰富的贴近实际应用场景示例，深入浅出地讲解了 Neo4j 图数据库在影视领域的数据应用基础；代码基于 Neo4j 数据库，采用 HTML+CSS+JavaScript 等前端框架开发的相关应用。本书的代码都已"亲测可用"，读者通过学习本书提供的全栈开发方案，能较快地进行 DIY，可进一步结合实际应用需求"从零起步"实现自己的 CIY（Create It Yourself，创作）。本书可供对图数据库技术感兴趣的工程开发人员、教学科研人员、高校学生等使用。

本书在撰写过程中得到了同仁们、同学们和出版社老师们的帮助，在此致谢如下：

感谢微云数聚（北京）科技有限公司董事长张帜老师和 Neo4j 中文社区创始人庞国明老师提供的技术支持。

感谢李春芳老师分享撰写书稿方面的宝贵经验。

感谢李可、王心如、杨睿、李敏等硕士生在文献检索、调试和验证相关代码等方面的帮助。

感谢 Springy 作者 Dennis Hotson 提供关于 JS 库的技术答疑。

感谢中国传媒大学出版社阳金洲老师、黄松毅老师等编辑的审阅和指导。

最后感谢家人的支持和帮助。

作者

于中国传媒大学

2021 年 1 月 12 日

图书在版编目（CIP）数据

图数据库的影视数据应用基础与示例 / 洪志国，石民勇著 . -- 北京：中国传媒大学出版社，2021.5
ISBN 978-7-5657-2941-6

Ⅰ.①图… Ⅱ.①洪…②石… Ⅲ.①图像数据库 Ⅳ.① TP311.135.9

中国版本图书馆 CIP 数据核字 (2021) 第 091658 号

图数据库的影视数据应用基础与示例
TU SHUJUKU DE YINGSHI SHUJU YINGYONG JICHU YU SHILI

著　　者	洪志国　石民勇
策划编辑	阳金洲
责任编辑	黄松毅
特约编辑	李　婷
责任印制	李志鹏
封面设计	拓美设计
出版发行	中国传媒大学出版社
社　　址	北京市朝阳区定福庄东街 1 号　　邮　编　100024
电　　话	86-10-65450528　65450532　　传　真　65779405
网　　址	http://cucp.cuc.edu.cn
经　　销	全国新华书店
印　　刷	艺堂印刷（天津）有限公司
开　　本	787mm×1092mm　1/16
印　　张	15
字　　数	273 千字
版　　次	2021 年 5 月第 1 版
印　　次	2021 年 5 月第 1 次印刷
书　　号	ISBN 978-7-5657-2941-6/TP · 2941　　定　价　59.00元

本社法律顾问：北京李伟斌律师事务所　郭建平
版权所有　翻印必究　印装错误　负责调换